Hamburger Abendblatt edition

HAGENBECKS

CLAUDIA SEWIG

TROPENWELT

STELLT HAGENBECKS TIERE VOR

Liebe Leserinnen und Leser

Kennen Sie dieses alte Kinderspiel, bei dem man sich so lange anstarrt, bis einer blinzelt oder lacht? Das sollten Sie nie mit einem Chamäleon spielen! Während sich dessen eines Auge auf die Suche nach einem lohnenden Insektenhappen fürs Mittagessen macht, wird Sie das andere Auge nicht aus dem Blick lassen. Und das, während das Reptil ganz nebenbei auch noch die Farbe und Musterung Ihrer Strickjacke annimmt. Wer da nicht blinzelt und lacht ...

Ich gestehe, dass ich eine Schwäche für außergewöhnliche Tiere habe. Mein Problem ist, dass ich an jedem Tier etwas Außergewöhnliches finde. So ist die Serie „Sewigs Tierwelt" entstanden, eine wöchentliche Kolumne im Hamburger Abendblatt, in der wir unseren Lesern die kleinen und großen Bewohner des Tierparks Hagenbeck und seines Tropen-Aquariums näher bringen wollen.

Gerade die Tiere des Tropen-Aquariums haben es verdient, die gegenüber ihren Kuschelverwandten aus dem Tierpark auf der Niedlichkeitsskala häufig hinterherhinken. Wer möchte schon eine Muräne streicheln? Eine Qualle adoptieren? Oder ist um das seelische Wohl einer Gespenst-

heuschrecke besorgt? Allesamt sind sie jedoch faszinierende Geschöpfe mit erstaunlichen Fähigkeiten, die uns Menschen manchmal ganz schön alt aussehen lassen.

Aus den biologischen Besonderheiten, aber auch aus den ganz individuellen Vorlieben und Marotten von 100 Tieren sind jetzt zwei Abendblatt-Bücher entstanden. 50 Bewohner des 2007 neu gebauten Tropen-Aquariums werden in diesem, 50 weitere des 1907 eröffneten Tierparks werden in einem zweiten Band unter die Lupe genommen.

Begeben Sie sich mit „Sewigs Tierwelt" auf einen besonderen Rundgang durch die beiden Teile des Hamburger Tierparks, und lesen Sie etwas über Ihr Lieblingstier nach. Wir bringen Sie an alle Arten hautnah heran, besonders auch an die, bei denen das Auge in Auge nicht ratsam wäre. Und das sind im Tropen-Aquarium, von den verschiedenen Haiarten über die Nilkrokodile bis hin zu den Giftschlangen, nicht gerade wenige.

Viel Spaß bei der tierischen Expedition wünscht Ihnen
Ihre Claudia Sewig

INHALT

BEI SEINEN FÜSSEN MUSS SICH GRAF ZAHL VERZÄHLT HABEN

AFRIKANISCHER RIESENTAUSENDFÜSSER

Als Kind hatte ich wahnsinnige Angst vor ihm. Nicht vor dem Tausendfüßer – solch lustige Gesellen habe ich schon immer gemocht und sehr zum Leidwesen meiner Mutter auch gern, gemeinsam mit Asseln oder Schnecken, angeschleppt. Nein, vor Graf Zahl, dem gruselig zählenden Vampir aus der Sesamstraße habe ich mich immer hinter dem Sessel versteckt. Nun muss ich meiner widersprüchlichen Empfindungen Herr werden: heißt doch der Riesentausendfüßer in Hagenbecks Tropen-Aquarium ausgerechnet Graf Zahl.

Gemeinsam mit Gespenstheuschrecken, einer Gottesanbeterin und drei Australischen Riesenlaubfröschen lebt das Krabbeltier in einem Terrarium in einem alten Apothekerschrank, in der sogenannten Grabkammer. „An die Schrankseiten oder den Boden kommt er nicht heran", sagt Dr. Guido Westhoff, Leiter des Tropen-Aquarium. Keine unwichtige Information: Fressen die zu den Schnurfüßern zählenden Tiere doch neben pflanzlicher Kost auch gern einmal ein wenig Holz.

Archispirostreptus gigus, so sein wissenschaftlicher Name, lebt normalerweise als einer von 1000 beschriebenen Arten im tropischen Afrika. Insgesamt sind sogar rund 3600 Arten von Schnurfüßern bekannt. Und um es gleich vorweg zu sagen: Keiner von ihnen hat tausend Füße. Westhoff: „Die längste Art hat 750 Beine, also 375 Beinpaare." Graf Zahl bringt es immerhin auf 200 bis 400 Beine in seinem Leben. „Bei jeder Häutung werden es ein paar mehr", erklärt der Zoologe.

Die drei Tiere, die Hagenbeck hält, sind noch nicht komplett ausgewachsen. Sie haben jetzt etwa 20 bis 25 Zentimeter Länge, und 30 Zentimeter können sie erreichen.

Damit haben sie auch noch ein paar Jahre Lebenserwartung vor sich: Riesentausendfüßer können zehn Jahre und älter werden – bei guten Bedingungen, versteht sich. Und da mögen es die kreisrunden Tiere mit einem Durchmesser von drei Zentimetern gern zwischen 20 und 25 Grad warm und schön feucht.

Deshalb lassen es Westhoff und seine Kollegen auch ab und zu bei Graf Zahl und seinen Mitbewohnern regnen. „Nur zu hell mögen sie es nicht", sagt er – obwohl ein wenig mehr Licht eine absolute Besonderheit der Tiere deutlicher zeigen würde. „Auf den Riesentausendfüßern leben Milben. Diese putzen die Zwischenräume zwischen den Beinpaaren frei." Wer die winzigen, braunen Milben über die schwarzbraun glänzenden Leiber der Tausendfüßer huschen sieht, muss also nicht befürchten, dass Graf Zahl und seine Artgenossen von Parasiten befallen sind. Im Gegenteil: Die Symbiose ist äußerst harmonisch und für beide – so will es schon der Begriff – von Vorteil.

Die vom Namen ähnlichen Hundertfüßer sind mit den Tausendfüßern nur auf den ersten Blick zu verwechseln. Diese räuberisch lebenden Tiere haben einen abgeflachten und keinen runden Körper, an dem die Beinpaare auch nicht unten an den Segmenten, sondern seitlich daran sitzen. Außerdem sieht man deutlich die großen Giftzangen der wehrhaften Tiere, die die überwiegend vegetarisch lebenden Tausendfüßer zur Überwältigung ihrer Beute nicht brauchen.

Wehrhaft ist Graf Zahl dennoch: „Wie alle Schnurfüßer kann er aus Lücken zwischen seinen Körperringen ein Verteidigungssekret absondern", erklärt Westhoff. Es enthält Blausäure, weshalb es die Tierpfleger tunlichst vermeiden, die stinkende Flüssigkeit ins Auge zu bekommen. Dadurch, dass die Tiere die Säuberung des Geheges jedoch gewohnt sind, rollen sie sich höchstens zusammen. „Sie mögen keine Erschütterung. Und durch das Zusammenrollen schützen sie ihre empfindlichen Beine und den Kopf."

Fast wie eine überdimensionale Lakritzschnecke sieht Graf Zahl dann aus. Ob er ein Männchen ist, wissen sie im Tropen-Aquarium übrigens nicht. Männliche Riesentausendfüßer haben sogenannte Gonopoden, zu Geschlechtsorganen umgewandelte Beine in der Höhe des siebten Beinpaares. Da das Liebesleben der Tiere jedoch äußerst diskret verläuft, niemand die Geschlechter der anderen beiden Tiere kennt und es noch keinen Nachwuchs gab, lassen sich die Tierpfleger einfach überraschen.

Ich werde beizeiten mal nachschauen gehen, um möglichen Nachwuchs lauthals zu zählen: „Eins, zwei, drrrei ...!" Ganz wie Graf Zahl eben.

AFRIKANISCHER RIESENTAUSENDFÜSSER
Archispirostreptus gigas

KÖRPERLÄNGE
30 cm

KÖRPERDURCHMESSER
3 cm

LEBENSERWARTUNG
etwa 10 Jahre

GELEGE
mehrere Hundert Eier

BESONDERHEITEN
Tausendfüßer können ein schleimhautreizendes Wehrsekret abgeben

NAHRUNG
Blätter
morsches Holz
Früchte

VERBREITUNG
Afrika

STANDORT
Schrank in der Grubenkammer

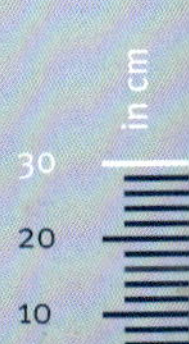

AXOLOTL MONTEZUMA WILL NICHT ERWACHSEN WERDEN

Meinem Kollegen Axel ging es bis vor Kurzem so wie den meisten Menschen: Er hatte von der Existenz des Axolotls keinen Schimmer. Während der Kollege erst an einen Scherz seiner kleinen Tochter ob seines Vornamens dachte, als sie mit detaillierten Informationen zu dem außergewöhnlichen Tier aus der Schule nach Hause kam, wurden viele andere Deutsche Anfang 2010 durch Helene Hegemanns Debütroman „Axolotl Roadkill“ mit dem Schwanzlurch bekannt – wenn auch nur literarisch. In Hagenbecks Tropen-Aquarium leben 27 dieser Tiere, die nicht erwachsen werden wollen.

Montezuma erblickte das Licht seiner Wasserwelt Ostern 2006.

Das Axolotl-Männchen schlüpfte bei Maike Hansen aus dem Ei. Die Mitarbeiterin der Hagenbeck-Pressestelle züchtet die Amphibien seit Anfang der 90er-Jahre. „Ein Bekannter hatte ein Zoogeschäft, und eines Tages hatte er plötzlich einen Axolotl. Ich fand das Tier gleich spannend, und nach einer Weile hat er ihn mir geschenkt – weil er wie Blei im Regal lag, wie der Bekannte sagte." Seitdem ist Maike Hansen den „Wassermonstern", wie die grobe Übersetzung aus der aztekischen Sprache Nahuatl lautet, verfallen. „Diese Augen! Diese Münder! Und dann sind sie noch dazu pflegeleicht, fusseln nicht, machen keinen Krach und fassen sich an wie eine Mischung aus Samt und Gelatine." Und sie haben eine außergewöhnliche Entwicklungsgeschichte.

Der Axolotl, ein Schwanzlurch aus der Familie der Querzahnmolche, bleibt sein Leben lang im Larvenstadium. „Dabei erreicht er zwar die Geschlechtsreife, aber ohne seine Larvengestalt zu verändern und die für Amphibien übliche Metamorphose zu durchlaufen", sagt Hansen. Der Grund: ein Schilddrüsendefekt. Für die Metamorphose notwendige Hormone können nicht ausgeschüttet werden. Somit sitzt Montezuma also von Anfang an und bis an sein Lebensende unter Wasser und atmet durch äußere Kiemenäste, ganz so, als hätte er bei der Evolution den Landgang verpasst.

Alexander von Humboldt brachte 1804 die ersten beiden Axolotls nach Europa, die im Pariser Naturkundemuseum als Kuriosität bestaunt wurden. Mittlerweile stammen alle Aquarientiere aus Nachzuchten, da der Export aus ihren Herkunftsseen in Mexiko streng verboten ist. Maike Hansen brachte Montezuma („Er war der Hübscheste – und ein echter Casanova") und 15 seiner Geschwister zu Hagenbeck, wo die wildfarbenen, braunen Tiere mit zwölf Albinos in einem kleinen Teich im Tropen-Aquarium leben. Gleich unter den Geißelspinnen, die, sollten sie ins Wasser fallen, durchaus Beute der bis zu 30 Zentimeter langen Amphibien werden könnten. Hansen: „Axolotls fressen alles, was sie ins Maul bekommen.“

Im Freiland erbeuten die Lauerjäger vor allem Krebstiere, Insektenlarven, kleine Fische und den Laich sowie die Jungtiere anderer Lurche und sogar eigene Nachkommen. Gerät dabei ein Arm oder Bein eines erwachsenen Artgenossen ins Maul, ist der Verlust nicht dauerhaft: Eine weitere spektakuläre Eigenschaft der Axolotls ist die Fähigkeit, Gliedmaßen, Organe und sogar Teile des Gehirns und Herzens wiederherstellen zu können. Hansen: „Arme und Beine wachsen komplett nach. Manchmal gleich doppelt.“ Vielleicht verehrten die Azteken den Axolotl auch deshalb als heiliges Tier. Was sie allerdings nicht davon abhielt, ihn an besonderen Tagen als Festessen zu verspeisen.

AXOLOTL
Ambystoma mexicanum

KÖRPERLÄNGE
30 cm

LEBENSERWARTUNG
15–20 Jahre

GELEGE
80–800 Eier

BRUTDAUER
15–20 Tage

NAHRUNG
Krebstiere
Fische
Insektenlarven

VERBREITUNG
Mexiko

BESONDERHEITEN
Bleibt immer Larve
die Extremitäten können nachwachsen

GEFÄHRDUNG
akut vom Aussterben bedroht

STANDORT
Tropfsteinhöhle

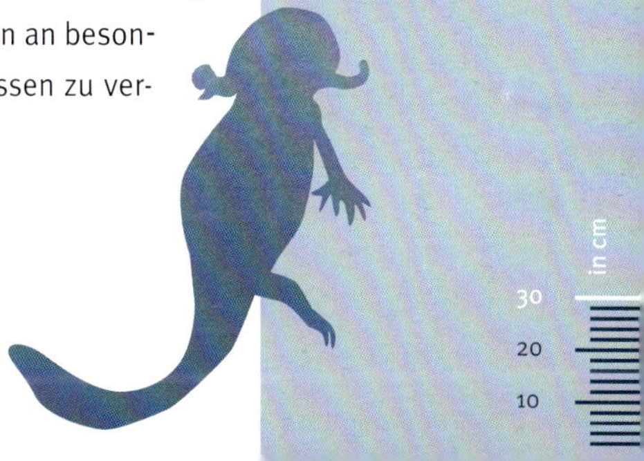

MELISSA UND IHRE 150 MILLIONEN KINDER

Ob Melissa schon von der Planung weiß? Sollte eine ihrer Arbeiterinnen davon Wind bekommen haben, wird sie es der Königin sicherlich durch ein aufgeregtes Fühlertrillern weitergeleitet haben. Melissa ist Herrscherin über Hagenbecks individuenstärkste Tierart – auch wenn ihr Gehege eines der kleinsten ist. Doch eben das könnte sich für die Blattschneider-Ameisen schon bald ändern.

„Wir planen eine Erweiterung für die Ameisen", sagt Tierpflegerin Marion Minde. In Hagenbecks Tropen-Aquarium kann man das emsige Volk neben dem Eingang zum Stollen beobachten. Drei Kammern stehen den mehreren Hunderttausend Insekten zur Verfügung: die Blätter-, Pilz- und die Abfallkammer. Alles verbunden durch Plexiglasröhren, damit Besucher jeden Schritt der sechsbeinigen Tiere verfolgen können. Und diese Röhren sollen, so die Planung, größere Kammern miteinander verbinden, sagt Minde.

Mit ihren Blattsegeln, die sie in langen Reihen von den Futterbäumen zum Bau schleppen, gehören Blattschneider-Ameisen zu den auffälligsten Vertretern der Ameisen. Ihr Verbreitungsgebiet umfasst die Tropen und Subtropen Amerikas, von Texas bis in den Süden Argentiniens. Die Ameisen fressen die Blattstückchen, die die Erntearbeiterinnen aus den Blättern herausbeißen, allerdings nicht: Die Insekten sind kunstvolle Gärtner. Auf einem Rasen aus zerkauten Blättern – mit Hohlräumen durchzogen, fast wie ein Badeschwamm – züchten sie sorgfältig einen Pilz heran. Und von diesem ernähren sie sich.

„Bei uns bekommen die Ameisen zweimal täglich Blätter von Brombeerbüschen und Liguster", sagt Marion Minde. Eine große Hand voll Grünzeug zerlegen die Insekten in nur 20 Minuten. Wenn die Pfleger an die Kammern herantreten und sie öffnen, werden sie immer schon erwartet. „Die Ameisen verteidigen ihr Gehege gut, spüren unser Kommen schon durch die Vibration", sagt Minde. Ein paar würden bei solchen Gelegenheiten immer ausbüxen – aber das sei nichts gegen den großen Ausbruch. Da hatten sich die Ameisen an einer Stelle durch die Dichtung gebissen und bereits eine Straße in die umliegende Bepflanzung angelegt. „Die wollten wohl ihr Nest verlegen", vermutet Minde. Doch wie fängt man Ameisen ein? Minde: „Mit einem Staubsauger, auf niedrigster Stufe."

Die Königin hat Minde übrigens nach ihrer Patentochter benannt (ist nicht jede Patentochter eine kleine Königin?). Die Königin der Blattschneider-Ameisen hat mit 20 Jahren die längste Lebensdauer. „Aber sie sitzt ja auch nur gemütlich in der Mitte des Pilzes rum, lässt sich bedienen und legt ab und zu ein paar Eier“, sagt Minde und lacht. „Ein paar“ ist dabei großzügig untertrieben: Bis zu 150 Millionen Arbeiterinnen produziert eine Königin in ihrem Leben. Wenn die bis zu 15 Millimeter langen Insekten sterben, werden sie von speziellen Arbeitern auf die Abfallhalde transportiert. Minde: „Das ist die einzige Kammer, die wir säubern – den Rest machen die Tiere selbst.“

Insgesamt seien die Blattschneider-Ameisen unkompliziert in der Haltung. Man müsse nur darauf achten, dass es in den Kammern nicht zu feucht würde, so Minde: „Dann schimmelt der Pilz und geht ein. Und mit ihm die Ameisen.“ Bevor das passiert, würden sie den Tieren Haferflocken füttern. Die binden so schön die Feuchtigkeit.

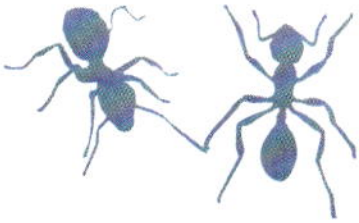

19

BLATTSCHNEIDER-AMEISE
Acromyrmex

GRÖSSE
Königin: bis 23 mm
Arbeiterin: bis 15 mm

LEBENSERWARTUNG
Königin: 15–20 Jahre

VERBREITUNG
Süd- und Mittelamerika

NAHRUNG
ein spezieller Pilz

STANDORT
Eingang historischer Stollen

in mm
20
10

BEI GEFAHR UND FÜR DIE LIEBE GEHT SARAH INS WASSER

BLAUZUNGENSKINK

Was haben Blauzungenskinke und Giraffen gemeinsam? Blauzungen-wer?

Blauzungenskinke gehören zu der zahlenmäßig artenreichsten Echsenfamilie der Erde, den Skinken – wenn Ihnen das weiterhilft. Und noch ein Tipp: Der lange Hals ist es nicht ... Bevor es zu spannend wird, schnell die Aufklärung, die Sie bei einem Wettstreit um das unnötigste Wissen der Welt ganz weit nach vorn bringen wird: Giraffen und Blauzungenskinke haben beide eine blaue Zunge.

Somit ist zumindest Tilis Name Programm. Die Blauzungenskink-Dame ist eins von vier Tieren ihrer Art im Tierpark Hagenbeck. Sie teilt sich im Tropen-Aquarium ein sandiges Gehege mit ihren Verwandten, den Dornschwanzskinken, und den Bartagamen, allesamt australische Reptilien. „Der Blauzungenskink ist die größte der drei Arten – und die verfressenste", sagt Florian Ploetz. Der Tierpfleger geht davon aus, dass es sich bei den Hamburger Blauzungenskinken um zwei Männchen und zwei Weibchen handelt. „Zumindest über ein Pärchen haben wir Klarheit, denn bei den beiden haben wir bereits Paarungen beobachtet."

Da die Tragzeit bei Blauzungenskinken 150 Tage beträgt, müssen sich die Tierpfleger in Geduld üben. Ein Gelege muss das Reptil in der Zwischenzeit nicht bewachen: Blauzungenskinke sind lebendgebärend und bringen pro Wurf 5 bis 25 Jungtiere zur Welt.

Trocken, wenig Pflanzen und möglichst warm – so mag es *Tiliqua scincoides*, der Blauzungenskink. Obwohl, so richtig wählerisch sieht anders aus: Auch in Waldgebieten trifft man die bis zu 50 Zentimeter langen Tiere (davon sind 15 Zentimeter Schwanz) in Australien an. Und auch vor

Gärten machen sie nicht halt, sehr zum Missfallen vieler Australier. Denn die Allesfresser machen sich nicht nur über Schnecken und Spinnen (brav!), sondern leider auch über frisch gepflanzte Gartenbeete her (pfui!).

Bei Hagenbeck gibt es deshalb eine bunte Futtermischung für die Reptilien, die in der Natur auch an Aas gehen, wie Ploetz sagt. „Wir geben ihnen an vier Tagen in der Woche Salat und an drei Tagen Insekten. Dazu bekommen sie einmal wöchentlich etwas Katzenfutter." Ploetz, eigentlich ein ausgemachter Reptilienliebhaber, gibt offen zu, dass er die Blauzungenskinke „recht langweilig" findet: „Eigentlich kommen sie nur beim Fressen etwas in Fahrt; sie sind ja sonst eher nicht so die Flitzer. Dann allerdings müssen wir aufpassen, dass die anderen Arten auch noch etwas abbekommen."

Beim Fressen sieht man zumindest das namensgebende Merkmal der Tiere, die blaue Zunge, besonders gut. „Die schrille Farbe der Zunge soll Giftigkeit vortäuschen, doch die Tiere sind nicht giftig", sagt Florian Ploetz. Im Gegenteil. Durch ihr recht lethargisches und anspruchsloses Wesen sind Blauzungenskinke auch als „Anfängerechsen" in Reptilienzuchtkreisen bekannt.

Tili und ihre Artgenossen stört das wenig. Solange die Wärmestrahler im Gehege ordentlich laufen (Ploetz: „30 Grad sind da locker drunter") und eine Wellblechstruktur eine gute Versteckmöglichkeit für ein kleines Nickerchen bietet, ist die Welt des Blauzungenskink-Weibchens in Ordnung. Auf den ersten Blick können die Tierpfleger Tili von den anderen drei Tieren übrigens nicht unterschieden: Bei beiden Geschlechtern ist die schuppige Haut gleichsam mit grauen und braunen Querbändern verziert, und die Männchen sind auch nur einen Hauch kräftiger gebaut als ihre Gefährtinnen. Ausgewachsen sind alle vier Tiere außerdem gleich groß.

Vielleicht, wenn sie streitlustiger wären oder Greifvögel mit im Gehege hätten (was nicht passieren wird, versprochen), gäbe es ein gutes, natürliches Unterscheidungsmerkmal: Blauzungenskinke können nämlich, wie viele Reptilien, bei Gefahr ihren Schwanz abwerfen. Der wächst zwar relativ schnell wieder nach, jedoch nicht mehr ganz so kräftig wie ursprünglich. Und wenn wir schon bei unnützem Wissen sind, kann an dieser Stelle mit einem Irrtum aufgeräumt werden, der definitiv nur im Reich von Science-Fiction etwas zu suchen hat: Aus dem abgetrennten Schwanz wächst keine neue Echse.

Für die Vermehrung der Blauzungenskinke muss Tili schon auf traditionellem Wege sorgen.

BLAUZUNGENSKINK
Tiliqua scincoides

KOPFSCHWANZLÄNGE
50 cm

LEBENSERWARTUNG
15 Jahre

GELEGE
5–25 Eier

BRUTDAUER
150 Tage

NAHRUNG
Insekten
kleine Wirbeltiere
Schnecken
Würmer
Eier
Früchte
Pilze
Blüten

VERBREITUNG
Ostaustralien

STANDORT
Giftschlangen-Dorf

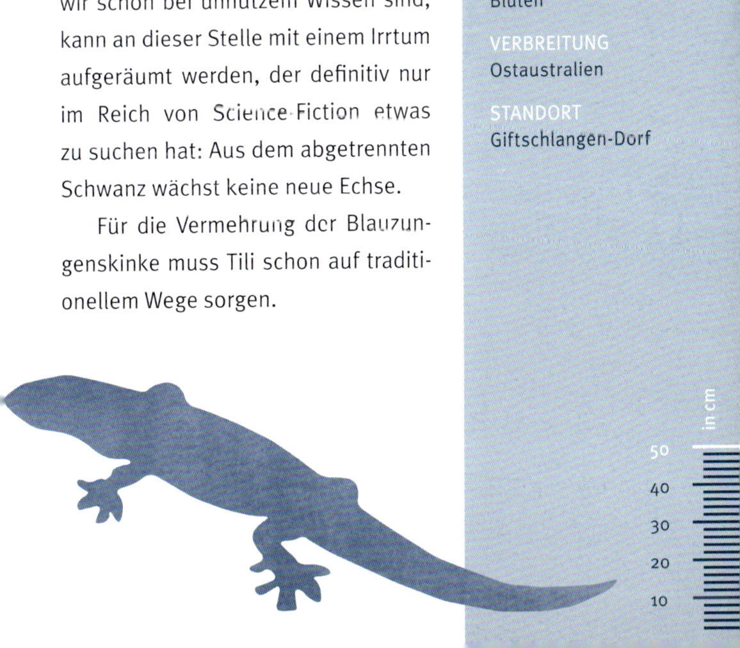

CHILI UND PEPPER VERLIEREN IM ALTER AN SCHÄRFE

BRAUNGEBÄNDERTER BAMBUSHAI

Zoologen sind auch nur Menschen. Das merkt man immer dann, wenn es um die Namensgebung von Arten geht. Der lateinische Fachterminus mag da noch einer gewissen Logik folgen, doch spätestens bei den deutschen Namen ist damit oftmals Schluss. Oder ist Ihnen schon einmal ein Hai im Bambuswald begegnet? Womöglich am feinen Blattgrün nagend? Nein? Und dennoch gibt es den Bambushai! Eventuell deshalb, weil dessen Jungtiere mit ihrer schwarz-weißen Zeichnung entfernt, ganz entfernt, an einen Pandabären erinnern, der ja auch Bambusbär genannt wird. Nicht, dass sich diese eh schon bedrohte Art lange unter Wasser halten würde... Doch Schluss damit: Dieses ist die Geschichte von Chili, dem Bambushai.

Chili ist ein zwei Wochen altes Haimädchen. Gemeinsam mit ihrem Halbbruder Pepper lebt sie in der Schatzkammer von Hagenbecks Tropen-Aquarium. Und zeigt dort noch, hier ist der Name Programm, die „scharfe“ Zeichnung der Jugend. „Die verlieren sie später leider“, sagt Marielle Hamann. „Die erwachsenen Tiere sind fast einheitlich hellbraun.“

Zu Chili und Peppers Eltern müssen die Tierpflegerin und ihre Kollegen immer mal wieder ins Becken, die sogenannte Lagune, steigen. Immer dann wenn im Wasser deutliche Anzeichen zu sehen sind, dass eine Paarung erfolgreich war. Braungebänderte Bambushaie, so der vollständige Name der Art, sind nämlich eierlegend und produzieren rundliche, bis 17 Zentimeter lange Eikapseln, in denen die Jungtiere 130 Tage heranreifen.

„Das tun sie bei uns in einem gesonderten Becken“, sagt Marielle Hamann. Beim Herausnehmen der Eier, die normalerweise mit Haltefäden an Steinen oder Pflanzen befestigt sind, müssen die Tierpfleger sehr sorgsam sein. „Die Eikapseln haben Luftschlitze an der Seite, durch die frisches Wasser und damit auch Sauerstoff zum Embryo dringen kann. Deshalb sollte man sie nicht oder zumindest nicht lange aus dem Wasser nehmen, weil sonst zu viel Luft ein- und Wasser austritt."

Beherzigt man diese Regel, kann man in den kommenden Monaten das Heranwachsen und die Bewegungen des kleinen Hais durch die Hülle der Eikapseln verfolgen – ein faszinierender Prozess, findet die Tierpflegerin. Beim Schlüpfen haben die Junghaie eine Länge von etwa 13 Zentimetern.

„Man muss aufpassen, dass sie nicht zu schnell wachsen", sagt Hamann. Unter anderem deshalb würden die beiden mit einer Pinzette gefüttert, um jedem genau definiert Nahrung zuzuführen. Dabei gibt es für die bodenlebenden Haie Muschelfleisch, Garnelen, Seelachs oder Tintenfisch.

In ihrem natürlichen Verbreitungsgebiet, dem Indischen Ozean vor Indien und Sri Lanka, entlang der Küsten Südostasiens bis zur Nordküste Australiens und im Chinesischen Meer entlang der gesamten asiatischen Küste bis Korea und Japan, leben Braungebänderte Bambushaie vor allem in küstennahen Korallenriffen. Hier verstecken sie sich tagsüber in Riffspalten und jagen nachts am Meeresgrund nach Fischen und Wirbellosen.

Auch wenn sie mit ihrer flacheren, dem Bodenleben angepassten Körperform nicht so brutal aussähen wie die freischwimmenden Haie, wie Marielle Hamann sagt, müsse man sich vor dem Biss der Bambushaie ebenso in Acht nehmen: „Sie gelten zwar nicht als für Menschen gefährlich, aber man muss sich doch nur die Beißkraft vorstellen: Immerhin zerknacken die Haie damit Muscheln!“

Und auch die Kleinen könnten sicherlich schon „ganz ordentlich zwicken“, aber auch deshalb sei ja die Pinzette bei der täglichen Fütterung, die später auf alle zwei bis drei Tage reduziert wird, im Spiel. Dabei würde sich der größere Pepper übrigens schon deutlich wilder gebärden als seine Schwester Chili.

Noch stören sich die Mitbewohner, ein Schluckspecht, ein Mirakelbarsch und Scheibenanemonen, jedoch nicht an den Haien als Untermieter. Doch lange geht die WG nicht mehr gut: Immerhin werden Braungebänderte Bambushaie bis zu einen Meter lang, und damit würden Chili und Pepper das Becken in der Schatzkammer sprengen.

Deshalb steht beizeiten ein Umzug zurück in die Lagune an, wo Marielle Hamann und ihre Kollegen schon wieder eifrig Hai-Eier eingesammelt haben. Und das Spiel beginnt aufs Neue.

BRAUNGEBÄNDERTER BAMBUSHAI
Chiloscyllium punctatum

KÖRPERLÄNGE
1 m

GELEGE
1–2 Eier

BRUTDAUER
120–140 Tage

NAHRUNG
Muscheln
Krebstiere
Fische

VERBREITUNG
Indischer Ozean
Pazifik

STANDORT
Lagune
Jungtiere: Schatzkammer

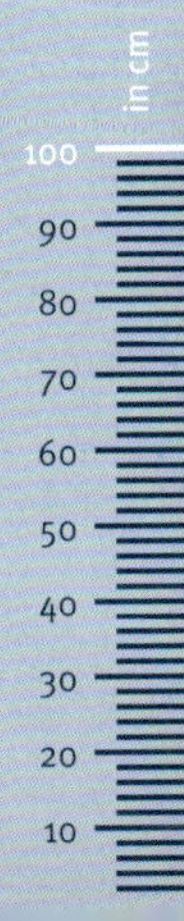

Fledermaus Caro hat der Ultraschall-Peilung abgeschworen

BRILLENBLATTNASEN-FLEDERMAUS

Zuerst riecht man sie. Dann ist da diese Bewegung in der Luft, die man nicht richtig deuten kann, weil es so dunkel ist. Doch aus der Gesamtheit der Sinneseindrücke bleibt nur ein Schluss: Fledermäuse! Nicht irgendeine gängige Art (auch wenn alle Arten dieser einzigen fliegenden Säugetiervertreter besonders sind), sondern Brillenblattnasen-Fledermäuse besiedeln eine nachgebildete Tropfsteinhöhle in der Höhlenwelt von Hagenbecks Tropen-Aquarium. Unter ihnen lebt Caro, eines der erwachsenen Weibchen – ein flatterhafter Charakter. Und ein Gewohnheitstier noch dazu.

„Unsere Brillenblattnasen-Fledermäuse sind einfach faul geworden“, sagt Tierpflegerin Marion Minde. „Sie leben seit der Eröffnung des Tropen-Aquariums 2007 in der Höhle und kennen diese mittlerweile in- und auswendig. Daher haben sie ihre Ultraschall-Peilung weitestgehend eingestellt und fliegen entlang der erlernten Höhlenstrukturen.“ Der Nachteil dieser energiesparenden Variante: Taucht ein neues Objekt in der Höhle auf, fliegen die Tiere schon einmal dagegen. So passiert es immer wieder einmal mit den Tierpflegern, die ab und zu das Reich der Brillenblattnasen betreten müssen, erzählt Marion Minde. „Bisher ist dabei aber noch niemand zu Schaden gekommen – weder die Fledermäuse noch wir.“

Brillenblattnasen-Fledermäuse kommen in Mittel- und Südamerika vor. Dort leben sie überwiegend in tropischen und subtropischen Tiefland-Regenwäldern. Die Tage verschlafen die 43 bis 65 Millimeter langen und bis zu 25 Gramm schweren Tiere in Kolonien von bis zu 100 Individuen. Mit Einbruch der Dunkelheit werden die Säuger aktiv, doch keineswegs als kleine Vampire, als welche sie häufig bezeichnet werden: Brillenblattnasen-Fledermäuse ernähren sich hauptsächlich vom Blütenstaub diverser Pfeffergewächse, womit sie als Bestäuber der Pflanzen eine wichtige Rolle spielen. Außerdem lieben sie auch den Saft reifer Früchte. Nur gelegentlich darf es für sie auch einmal ein Insekt sein.

Caro und ihre Kollegen bei Hagenbeck bekommen dreimal am Tag einen Brei aus reifen Äpfeln und Bananen serviert. „Neun Kilogramm insgesamt, gesüßt mit Honig und Traubenzucker", sagt Marion Minde. Süß genug muss es für die braunen Fellträger sein, damit es ihnen schmeckt. Und die große Menge an Kalorien verbrauchen die nachtaktiven Tiere wortwörtlich im Flug. Auf ihre Gesundheit achten die Pfleger zusätzlich: „Ein komplettes Ei mit Schale ist in den Brei gemengt, damit decken wir den Kalziumbedarf der Fledermäuse", erklärt Marion Minde.

Während Weibchen Caro ihren Namen vom lateinischen Artnamen *Carollia perspicillata* hat, trägt die Art ihr namensgebendes Hauptmerkmal auf der Nase. Das blattartige Gebilde dient zur Abgabe des Ultraschalls, womit sich die Tiere normalerweise orientieren. Der reflektierte Schall wird dabei von den großen Ohren aufgenommen und dann ans Gehirn weitergeleitet.

Welches Weibchen Caro genau ist, gibt Marion Minde ohne Umschweife zu, kann sie nicht sagen. „Wir sehen sie auch fast immer nur im Flug, nehmen die Tiere nicht in die Hand." Eines könne sie jedoch sagen, so sehr steche das Merkmal ins Auge: „Ich kann sagen, wer alles nicht Caro, sondern ein Männchen ist", sagt Minde und grinst. Denn auch wenn sich die Geschlechter ansonsten äußerlich nicht unterschieden, fallen Fledermaus-Männchen doch durch ihre überaus großen Hoden auf.

Bisher wurde diese Qualität bei Hagenbeck noch nicht weiter genutzt, doch ab jetzt startet die Produktion in der Tropfsteinhöhle. Minde: „Wir haben die Futtermenge erhöht und damit bei den Tieren den Impuls ausgelöst, für Nachkommen zu sorgen. Seitdem haben wir viele Babys in der Kolonie.“ Brillenblattnasen-Weibchen bringen nach einer Tragezeit von 105 bis 125 Tagen in der Regel ein Jungtier zur Welt. Bei der Geburt wiegt der Winzling fünf Gramm. Die jetzige Generation um Caro kann noch für viel Nachwuchs sorgen, Brillenblattnasen werden in menschlicher Obhut bis zu 12 Jahre alt.

Genug Zeit für die Kleinen, sich die Flugmuster ihrer Verwandten einzuprägen. So wie die Tiere auf einer Obstwiese, die jahrelang um einen Baum herumflogen – selbst noch, als dieser lange gefällt war. Auch sie, sagt Minde, hatten die Ultraschall-Ortung ausgestellt. Wozu Energiesparen alles führt.

BRILLENBLATTNASEN-FLEDERMAUS
Carollia perspicillata

GEWICHT
25 g

KOPFRUMPFLÄNGE
43–65 cm

LEBENSERWARTUNG
12 Jahre

TRAGZEIT
105–125 Tage

WURFGRÖSSE
1

NAHRUNG
Früchte, Insekten

VERBREITUNG
Süd- und Mittelamerika

STANDORT
Fledermausgrotte

CLOWN-ANEMONENFISCH

DIE WAHRHEIT ÜBER CLOWNFISCH NEMO

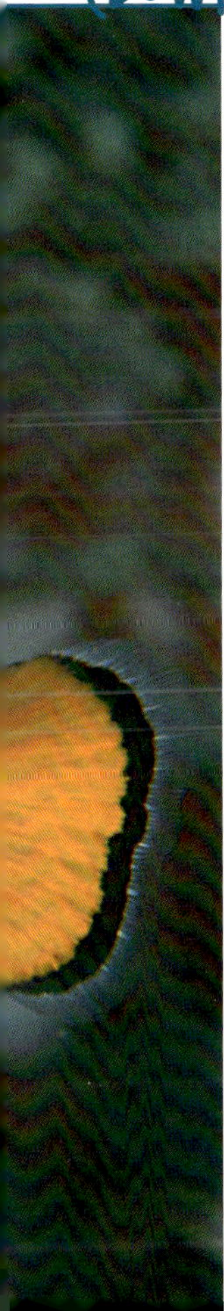

Ozeane wurden vollgeheult, als 2003 die anrührende Geschichte um Clownfisch Nemo in die Kinos schwappte. Und jetzt das! Traue keinem Zeichentricktier, kann ich nur sagen. Schaut man bei Familie Clownfisch nämlich mal genauer in die Anemone, entdeckt man Abgründe: Mutter prügelt Vater, Vater ist im Geheimen eigentlich Mutter, und noch dazu ist Nemo im Tropen-Aquarium von Hagenbecks Tierpark ein „Falscher Clownfisch". Und das schwarze Schaf der Familie.

„Wir haben ihn so bekommen", sagt Tierpfleger Sven Vogler, und das soll keine Entschuldigung sein. 2008 wurde ein Schwung Clownfische von einem Züchter geliefert – einer von ihnen war Nemo. Er stach deutlich aus der Schar seiner Geschwister heraus:

Ist seine weiß-orangefarbene Ringelung doch ohne Signalfarbe ausgekommen. Nemo ist schwarz-weiß.

„Schwärzlinge sind nicht so häufig, da ist es doch toll, unter 40 normal gefärbten einen besonderen Clownfisch dabeizuhaben", sagt Vogler. Ob seine Farbe Nemo in der freien Wildbahn gut bekommen wäre, ist jedoch fraglich: „Da Clownfische ihre Partner nach optischen Gesichtspunkten auswählen, wäre er vielleicht leer ausgegangen", sagt Vogler. Und kein Partner bedeutet: keine Weitergabe der Gene. Tatsächlich kommt die schwarze Variante jedoch auch vor der Küste Nordaustraliens vor – da scheinen sich also einmal zwei Schwärzlinge begegnet zu sein.

Der Falsche Clownfisch *(Amphiprion ocellaris)* besiedelt die Riffe Südostasiens. Die zehn Zentimeter langen Fische leben dort in Symbiose mit Seeanemonen. Im Tropen-Aquarium sind das Blasen- oder Kupferanemonen. Vogler: „Die Anemonen schützen die Clownfische mit ihren nesselnden Tentakeln vor Fressfeinden. Umgekehrt machen das die Clownfische für die Anemonen auch, noch dazu füttern sie die Anemonen." Wenn einer der Happen Fisch-, Krebs-, Muschel- oder Tintenfischfleisch zu groß für die Fische ist, schleppen sie ihn in ihre Anemone.

Dass die Clownfische dabei nicht selbst von den Nesseltieren verdaut werden, liegt an einer Schleimschicht auf ihrer Haut, erklärt Vogler: „Die Anemone erkennt quasi den Geschmack ihres Haustiers, aber dazu bedarf es eines längeren Kennenlernens. Stürzt ein Clownfisch einfach so in eine neue Anemone, kann auch er zum Opfer werden."

Apropos Opfer: Clownfischmännchen haben es wirklich nicht leicht, auch wenn sie freiwillig paarweise oder in kleinen Haremsgruppen mit einem Weibchen und mehreren Männchen leben. „Sie werden zeitlebens von ihren Weibchen verprügelt, dadurch bleiben sie Männchen“, sagt Vogler. Stirbt das wesentlich größere Weibchen, so wechselt das Männchen das Geschlecht und wird zum Weibchen. „Deshalb“, sagt Sven Vogler triumphierend, „kann im Film Nemos Vater Marlin auch kein Vater gewesen sein! Nach dem Tod von Nemos Mutter wäre er zur Mutter geworden.“ Geschlechtswechsel durch sozialen Stress sei im Meer an der Tagesordnung.

So oder so kommen Clownfische in Hamburg nicht zur Nachzucht. „Das liegt an den Schlangensternen, die lieben Kaviar“, sagt Sven Vogler. Die Natur ist nun einmal kein Zeichentrickfilm.

Ja, und weil das so ist, zieht Hagenbecks schwarzer Nemo auch nicht bis in alle Ewigkeit seine Bahnen im Tropen-Aquarium, sondern ist unlängst in die ewigen Fischgründe geschwommen. Seine normal gefärbten Artgenossen gibt es aber weiterhin im röhrenförmigen Becken zu sehen.

CLOWN-ANEMONENFISCH
Amphiprion ocellaris

KÖRPERLÄNGE
100 cm

VERBREITUNG
Indischer Ozean
Westpazifik

NAHRUNG
Plankton
kleine Krebstiere

BESONDERHEITEN
Wechselt unter bestimmten Voraussetzungen sein Geschlecht von Männchen zu Weibchen

STANDORT
Anemonenfelsen

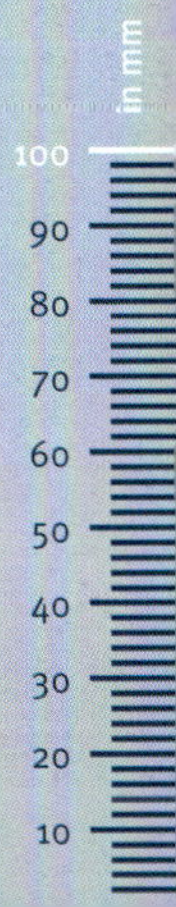

VORSICHT, DIE VERMEINTLICHE BAUMWURZEL KANN ZUSCHNAPPE

DREISTREIFEN-
SCHARNIERSCHILDKRÖTE

Mancher Mann mag das bezweifeln. Aber Frauen können extrem gut dichthalten. Was das kleine Schwarze gekostet hat? Kein Wort kommt dazu über unsere Lippen! Warum die beste Freundin trotz des neuen Lovers ständig so verheult aussieht? Entschuldigung, keine Auskunft möglich. Müsste man eine Illustration für unsere Verschlossenheit finden, hätte die gute, alte Auster ausgedient. Und Luise bekäme den Job. Luise ist eine Dreistreifen-Scharnierschildkröte, und auch wenn man eine solche noch nie hat tratschen hören, ist das Zauberwort in diesem Zusammenhang doch das Scharnier im Mittelteil ihres Namens.

Luises Verwandte leben wie die meisten anderen Scharnierschildkröten-Arten in Asien und zeichnen sich durch ein Scharnier im Bauchpanzer aus. „An dieser beweglichen Stelle, die andere Schildkröten nicht haben, können Scharnierschildkröten vorn und hinten komplett zumachen – wie eine Dose“, sagt Marion Minde. Hals und Kopf, alle vier Beine und der Schwanz verschwinden unter der schützenden Panzerschicht, und eine einmal geschlossene Scharnierschildkröte kann so nicht nur recht lange unter Wasser aushalten, sondern ist auch nicht so einfach wieder zu öffnen. „Sie können sich zudem sehr schnell schließen, da muss man schon auf seine Finger aufpassen“, sagt die Tierpflegerin in Hagenbecks Tropen-Aquarium, wo Luise unter anderem mit Chinesischen Dreikiel-Scharnierschildkröten und Spitzkopf-Schildkröten entlang des Bachlaufs lebt.

Bis vor Kurzem waren die Dreistreifen-Scharnierschildkröten noch zu dritt. „Ein Pärchen haben wir aber an eine spezielle deutsche Zuchtstation abgegeben“, sagt Marion Minde. Gehört *Cuora trifasciata* in ihrem Verbreitungsgebiet Südchina, Nordvietnam und auf Hainan doch zu den gefährdetsten Schildkrötenarten der Welt.

Zu dem zweifelhaften Titel kamen die Tiere durch übermäßige Bejagung. In der Traditionellen Chinesischen Medizin werden sie zu Produkten gegen Krebsleiden oder zur Potenzsteigerung verarbeitet; ein Schicksal, das schon viele andere Arten an den Rand der Ausrottung gebracht hat. So ist es nicht verwunderlich, dass auf Märkten und in chinesischen Zuchtzentren Preise von bis zu 2000 Euro pro Tier erzielt werden. „In Deutschland ist die private Haltung dagegen seit den schärferen Schutzmaßnahmen in den letzten Jahren eingebrochen“, sagt Minde.

Nach Hamburg kam Luise 2007 bereits als erwachsenes Tier. Mit 18 Zentimeter Panzerlänge gehört sie eher zu den kleinen aquatisch lebenden Schildkrötenarten. Aber auch zu den schönen: Der Panzer glänzt bräunlich-rötlich, der Kopf golden. „Eine gute Schwimmerin ist sie allerdings nicht“, verrät Marion Minde, „dafür kann sie aber super klettern.“

Das wird jedem Besucher deutlich, der Luise in der kalten, dunklen Jahreszeit sieht: Den Großteil des Tages verbringt sie dann, gut getarnt, auf einer frei liegenden Baumwurzel an Land. Minde: „Luise befindet sich dann in einer Art Winterruhe, frisst auch nur noch sehr schlecht.“ Ab und an setzt die Tierpflegerin sie deshalb testweise ins Wasser, nur um zu gucken, ob es der Schildkröte noch gut geht.

Auch wenn sie im Sommer aktiver ist, gehört sie doch nicht zu den Draufgängern im Gehege, berichtet Minde. „Luise ist eine eher schüchterne Schildkröte. Während andere beim Anblick der Futterschüssel bereits auf uns zugesprintet kommen, muss ich immer sehr aufpassen, dass sie genug Futter abbekommt." Gefüttert werden den Schildkröten überwiegend Fisch und Muscheln, aber wenn Luise ein Insekt für die Reptilien im Gehege entdeckt, zeigt sie auch gern, dass sie eine schnelle und geschickte Jägerin ist. Und ab und zu gibt es ein Bonbon: „Ein Stück Apfel nimmt sie gern", sagt Marion Minde, doch sollte das die Ausnahme im Speiseplan bleiben.

Auch wenn Marion Minde und ihre Kollegen ab und zu Schildkröteneier im Gehege finden, sind die Chancen für Nachwuchs bei Hagenbeck doch recht gering. „Mit geschätzt mehr als zehn Jahren ist Luise auch nicht mehr die Jüngste", sagt Minde. „Wasserschildkröten werden selten älter als 20 Jahre."

Ohne Partner hat sich das Thema Nachwuchsplanung nun ja eh erledigt. Und wenn wieder einmal ein Dreistreifen-Scharnierschildkröten-Mann ins Tropen-Aquarium nach Hamburg käme, wäre Luise vielleicht auch zu schüchtern. Oder zu verschlossen.

Frauen können alles, auch kompliziert sein.

DREISTREIFEN-SCHARNIER-SCHILDKRÖTE
Cuora trifasciata

PANZERLÄNGE
20 cm

GESCHLECHTSREIFE
ca. 8 Jahre

GELEGE
1–5 Eier

BRUTDAUER
etwa 70 Tage

NAHRUNG
Fische

VERBREITUNG
China

GEFÄHRDUNG
von der Ausrottung bedroht

STANDORT
Asien-Teil der Tropenwelt

FLAMMENDES HAUPT UND EIN RUF WIE EIN FEUERMELDER

FLAMMENKOPF-
BARTVOGEL

Wenn einer Feuer und Flamme war, dann er. Lange hatte Branko auf ein Weibchen gewartet, und dann kam sie: Zora, die rote Zora! Wie es sich für einen Flammenkopf-Bartvogel gehört mit einem leuchtend orange-rotem Haupt. Seitdem sind die beiden unzertrennlich.

Die große Romanze begann Ende 2010 im Tropen-Aquarium von Hagenbecks Tierpark. „Wir hatten lange Zeit nur einen männlichen Flammenkopf-Bartvogel. Endlich kam Nachschub aus Afrika für die Voliere im Vogelhaus an", sagt Tierpflegerin Heidi Rohr. Zora wurde für das Tropen-Aquarium ausgesucht. Nach ein paar Tagen in Quarantäne durfte sie ihre ersten Runden ziehen – und schon war Branko ihr auf den Fersen.

Flammenkopf-Bartvögel, deren wissenschaftlicher Name *Trachyphonus erythrocephalus* im Zungenbrecher-Wettbewerb keinen Deut besser ist, sind in Kenia, Äthiopien, Somalia, Tansania und dem Sudan beheimatet. Wer die 20 Zentimeter großen Vögel betrachtet, kann den Flammenkopf sofort nachvollziehen – doch für den Bartvogel muss man schon genauer hinsehen: Der Familienname geht auf steife Borsten am Schnabelgrund zurück.

Nah heran an das Vogelpaar kamen die Besucher noch am ehesten in der Anfangsphase der flammenden Vogelhochzeit, als Branko und Zora sich direkt auf Inspektionstour zu den Spinthöhlen machten. „Unsere Spinte brüten in der Lehmwand über dem Krokodilstrand, und die Bartvögel, die zu den Spechtartigen gehören, sind ja ebenfalls Höhlenbrüter", erklärt Heidi Rohr.

Normalerweise hacken Bartvögel mit ihren kräftigen Schnäbeln Höhlen in morsches Holz, die sich durch einen langen Gang zur Nistkammer auszeichnen. In ihnen schlafen die Tiere auch gern außerhalb der Brutzeiten. Zora und Branko, ganz junges, mittelloses Paar, guckten sich aber zunächst nach etwas Gebrauchtem um, in das sie ihre zwei bis sechs weißen Eier legen könnten. Heidi Rohr: „Bei den Spinten sind sie dann doch nicht eingezogen."

Wahrscheinlich würden die Gärtner es als Erste entdecken, wenn die beiden sich für etwas Selbstgezimmertes in einem der hohen Bäume entscheiden würden, sagt die Tierpflegerin: „Irgendwann sieht man dann das ständige Anfliegen an die Bruthöhle, wenn die Jungen gefüttert werden." Bei der Brut wechseln sich die Eltern ab. Nach 14 Tagen schlüpfen die Jungen, die weitere vier bis fünf Wochen in der Höhle bleiben, bevor sie diese endgültig verlassen.

Allerdings kann man sie dann anfänglich noch sehr gut von den Elterntieren unterschieden; weder leuchtet ihr Kopf bereits so feurig, noch sind die schwarzen Flügeldecken mit den weißen Tupfen so markant gezeichnet, wie es später der Fall sein wird. Das Jungtierkleid ist weit weniger farbenprächtig und muss mit der Zeit erst noch ausfärben – kommt Mauser, kommt Farbe. Weibchen und Männchen bei Flammenkopfs kann man später übrigens ganz gut auseinanderhalten: Zora fehlt die schwarze Kehle, die Branko ziert.

Selbst wenn die Jungtiere eventuell noch bei der Aufzucht der nächsten Geschwistergeneration helfen, so gelten Flammenkopf-Bartvögel nicht als die geselligsten Wesen im Vogelreich. Allein oder maximal als Paar, so ist es ihnen am liebsten. Und sieht man doch einmal mehrere von ihnen auf einem Fleck, also in einem Baum, dann muss dieser eine überaus lohnende Futterquelle sein. Früchte und

Samen stehen auf dem Speiseplan der Vögel, hauptsächlich aber Insekten, Ameisen, Raupen und Larven. „Wir füttern ihnen Mehlwürmer, Heimchen und Grillen. Vielleicht vergreifen sie sich auch mal am Obst der anderen Vögel, aber generell sind sie Insektenfresser“, sagt Heidi Rohr.

Trotz ihres bunten Gefieders sind die Tiere gut im dichten Laub getarnt. So sieht man von Zora und Branko auch nicht viel, außer morgens, verrät Heidi Rohr: „Da sitzen sie oft ganz hoch oben unter dem Dach, und wenn Zora mal nicht da sein sollte, ruft Branko oft sehr laut nach ihr.“ Überhaupt warten Bartvögel gleich mit mehreren durchdringenden Rufen auf, die Heidi Rohr an eine Alarmanlage erinnern: „Total schrill und durchdringend.“ Die meisten bestehen dazu auch noch aus nur einer Phrase, die monoton wiederholt wird.

Da muss es wahre Liebe sein, wenn Zora das anlockt. Gut, mit nur einem einzigen Kerl der eigenen Art zur Auswahl muss man nehmen, was man kriegen kann. Aber auch sonst leben Flammenkopf-Bartvögel monogam, wie alle 42 afrikanischen Bartvogel-Arten.

FLAMMENKOPF-BARTVOGEL
Trachyphonus erythrocephalus

KOPF-SCHWANZ-LÄNGE
20 cm

GELEGE
2–6 Eier

BRUTDAUER
etwa 14 Tage

VERBREITUNG
Afrika

NAHRUNG:
Insekten, Früchte

BESONDERHEITEN
An der Jungenaufzucht beteiligen sich beide Eltern, oft noch unterstützt von Jungvögeln aus vorherigen Bruten

STANDORT
frei fliegend in der Tropenwelt

WAS SO EIN RECHTER SAUG-SCHNAPPER IST

FRANSENSCHILDKRÖTE

Das Saug-Schnapp-Prinzip ist so eine Sache. Man könnte meinen, dass die Komiker Mike Krüger und Bernhard Hoecker hinter der Wortschöpfung stecken und dass das Prinzip ebenso von korrupten Finanzvorständen wie von notorischen Fremdgängern praktiziert wird. Ein wirklicher Experte auf diesem Gebiet schweigt sich jedoch darüber aus: Raffaello, seines Zeichens einzige Fransenschildkröte in Hagenbecks Tropen-Aquarium. Er fängt nach dem Saug-Schnapp-Prinzip seine Beute – im Schutz der Dunkelheit, mit tödlicher Präzision.

Mata Mata, der indianische Name der aus Südamerika stammenden Süßwasserschildkröte, heißt dementsprechend auch „Ich töte!", verrät Tierpflegerin Marion Minde. „Deshalb haben wir ihr passenderweise den Namen Raffaello gegeben, wie einer der Ninja Turtles." Eine asiatische Kampfkunst, wie sie die mutierten Comic-Helden ausüben, habe sie die Fransenschildkröte jedoch noch nicht anwenden sehen.

Überhaupt bekommt man recht wenig von Raffaello mit. Das um 1990 herum zur Welt gekommene Tier, das mit seiner 2009 gestorbenen Frau bereits lange Zeit im alten Troparium gelebt hatte, versteckt sich in seinem Gehege am Südamerika-Bachlauf tagsüber gern unter dem Steg. Minde: „Fransenschildkröten sind nachtaktive Lauerjäger in trüben Gewässern. Sie mögen es dunkel und erschrecken bei grellem Licht."

Doch nicht nur Licht macht Raffaello zu schaffen, sondern auch allzu aufdringliche Mitbewohner: Als er noch mit den Asiatischen Wasserschildkröten, den Chinesischen Dreikiel-Schildkröten und den Spitzkopf-Schildkröten zusammensaß, haben diese ihm immer in die namengebenden Fransen an Kopf und Hals gebissen. „In diesen Fransen befinden sich Nervenenden, mit denen die Fransenschildkröten die Bewegungen ihrer Beute spüren. Die Bisse müssen für ihn sehr schmerzhaft gewesen sein, deshalb haben wir ihn sofort in ein anderes Gehege gebracht", sagt Marion Minde. Dort könnte sich der Spieß nun allerdings umdrehen: Um die Barsche, die sich ebenfalls in dem künstlichen Flusslauf finden, macht sich die Tierpflegerin ein wenig Sorgen. Mit seinem starken Saugreflex und den kräftigen Kauleisten könnte sich Fischfresser Raffaello schon mal einen von ihnen schnappen. Minde: „Noch fehlt aber keiner."

Gut gefüttert wird Raffaello ja auch: Zweimal wöchentlich spießen Minde und ihre Kollegen kleine tote Fische für die Fransenschildkröte auf einen Bambusstab, mit dem sie dem Jäger dann vor der Nase herumwedeln. Eine Vitamin-B-Tablette, versteckt im Fisch, komplettiert das Menü – „weil die Fische eingefroren waren", sagt Minde. Raffaello habe sich an das Prozedere gut gewöhnt und sei ein braver Esser. Nur manchmal würde er eine Futterpause von mehr als zwei Wochen einlegen, ohne dabei krank zu erscheinen. Warum, kann die Tierpflegerin nicht sagen.

Fransenschildkröten gehören zur Familie der Schlangenhalsschildkröten. So machen bei Raffaello der extrem lange Hals und der extrem lange Schwanz allein 25 Zentimeter seiner 70 Zentimeter Gesamtlänge aus. Der Rückenpanzer ist flach und dunkelbraun. Die einzelnen Schilde des Rückenpanzers sind pyramidenförmig aufgewölbt mit einer nach hinten gerichteten Spitze. „Der Brustpanzer ist dagegen reduziert ausgebildet, wie ein Ringershirt", sagt Marion Minde.

Der Kopf der Fransenschildkröte ist an ihre Tätigkeit als Lauerjäger angepasst: Flach, mit einem schnorchelartigen Rüssel, sieht er wie ein welkes Blatt aus. So können sich die Tiere in den langsam fließenden, schlammigen Gewässern ihrer Heimat gut verstecken. Und so kommt es, dass Raffaello auch nur ganz selten einmal halb aus dem Wasser heraussteigt und auf einer Baumwurzel ruht.

Dabei würden die Tierpfleger sehr gern eine Fransenschildkröte an Land sehen, am liebsten bei der Eiablage. Nur: „Dazu fehlt uns ein Weibchen für Raffaello“, so Minde. Es werde derzeit gesucht. Zum fröhlichen, gemeinsamen Saug-Schnappen.

FRANSENSCHILDKRÖTE
Chelus fimbriatus

GEWICHT
15 kg

PANZERLÄNGE
45 cm

LEBENSERWARTUNG
etwa 30 Jahre

GELEGE
12–28 Eier

BRUTDAUER
etwa 200 Tage

NAHRUNG
Fische

VERBREITUNG
Südamerika

STANDORT
Südamerikateil
der Tropenwelt

KRACHEND BUNT UND LAUT: ANTON IST SILVESTER AUF ZWEI BEINEN

GEBIRGSLORI

Ihr Gefieder ist bunter als jedes Feuerwerk, ihr Gekreische lauter als jeder Chinaböller: Die Gebirgsloris im Tropen-Aquarium von Hagenbecks Tierpark sind Silvester auf zwei Beinen, verpackt in Federn. Ein ganz spezielles Empfangskomitee für die Besucher – und oftmals eine Plage für ihre Mitbewohner, die Kattas, wie ihre Tierpflegerin verrät. Immer mittendrin ist Anton, eins der erwachsenen Männchen.

„Unsere Loris sind eine ganz schön freche Bande", sagt Tierpflegerin Heidrun Rohr. 19 erwachsene Vögel fliegen, klettern und hüpfen durch den Eingangsbereich der großen Halle, der einem madagassischen Marktplatz nachempfunden ist. „Dazu kommen noch vier Jungtiere, die zwischen fünf und sechs Wochen alt und noch in den Brutkästen sind", sagt Heidrun Rohr.

Wenn die exotischen Vögel ihre lustigen fünf Minuten haben, dann ärgern sie sich nicht nur gegenseitig, sondern behalten auch die um ein Vielfaches größeren Halbaffen mit den Ringelschwänzen im Auge – nur um ihnen während eines Nickerchens in die Füße zu hacken. „Die Loris haben hier ganz klar das Sagen", sagt Heidrun Rohr.

Die äußerst bunte, bis 30 Zentimeter große Unterart des Allfarb- oder Keilschwanzloris stammt aus Neuguinea und Nordostaustralien. Gebirgsloris ernähren sich in ihrem natürlichen Verbreitungsgebiet überwiegend von Nektar, den sie mit ihrer langen, schmalen Zunge aus Blüten aufnehmen. Dabei nutzen sie spezielle Papillen auf der Zunge, die wie ein Schwamm funktionieren und die Flüssigkeit aufsaugen können. Bei Hagenbeck bekommen die Vögel deshalb auch mehrmals am Tag eine Schale mit einem künstlichen Nektar. Heidrun Rohr: „Und dazu immer etwas Obst, aber nur sehr süßes, reifes – da sind die Gebirgsloris echte Feinschmecker." Nun ja, jedenfalls solange es sich um ihr eigenes Futter dreht.

Vom Gemüse der Kattas, das die Vögel nahrungstechnisch definitiv liegen lassen würden, können sie aus ganz anderen Gründen nicht genug bekommen: ihrem Spieltrieb und dem Futterneid. „Das sieht jeden Tag aus wie ein Schlachtfeld, wenn die Loris alles auseinandergerupft haben", sagt ihre Tierpflegerin.

Viel netter sei es da doch, Anton bei der Balz zu beobachten. „Dann hüpfen er und die anderen Männchen über den Boden und wippen mit den Köpfen", verrät Heidrun Rohr. Und dabei kann es auch schon einmal vorkommen, dass sich die agilen Vögel beim Balgen miteinander auf den Rücken drehen – alles natürlich begleitet von einem ohrenbetäubenden Kreischen. Den Weibchen der in Einehe lebenden Vögel scheint es zu gefallen: Bei Hagenbeck sind die sieben Bruthöhlen hoch über der Eingangstür jedenfalls fast rund ums Jahr besetzt.

„Die Jungtiere, die nach 25 Tagen schlüpfen, unterscheiden sich in den ersten Lebensmonaten hauptsächlich durch eine andere Schnabelfarbe von den Eltern", sagt Rohr. Ansonsten dominieren im Gefieder der Vögel metallisch glänzende Blau-, Grün-, Orange- und Rottöne, kombiniert mit ein wenig Gelb. Gebirgsloris erreichen ein Gewicht zwischen 100 und 155 Gramm.

Auch wenn Anton, der 2004 aus dem Ei schlüpfte, wie alle Gebirgsloris kein allzu gewandter Flieger ist, macht er doch durch seine spektakulären Kletterkünste auf sich aufmerksam. „Er hat sich schon einmal zwischen Netz und

Wand hindurchgedrückt und ist so in die große Halle gelangt. Da saßen er und andere Ausbrecher dann schon einmal mehrere Tage – und fanden den Weg zurück nicht mehr." Denn eigentlich fühlen sich die Tiere in ihrer vertrauten Umgebung ja am sichersten. Die Tierpfleger mussten sie schließlich zurückbringen.

Wenn man sich die abgeknabberten Schaumstoffabdichtungen rund um die Rohre anguckt, derer die Loris habhaft werden konnten, dann kann man auch verstehen, warum die Besucher Anton und seine Artgenossen nicht füttern sollen. „Mit ihren Schnäbeln können sie ordentlich zupacken, das tut gemein weh", sagt Heidrun Rohr. Ganz wie bei einem Silvesterfeuerwerk also: Schön anzusehen, aber bitte rechtzeitig die Hände in Sicherheit bringen ...

GEBIRGSLORI
Trichoglossus haematodus

KOPFSCHWANZLÄNGE
25–30 cm

GELEGE
2–3 Eier

BRUTDAUER
25 Tage

NAHRUNG
Nektar

VERBREITUNG
Neuguinea und Nordostaustralien

STANDORT
frei fliegend auf dem Madagaskar-Dorfplatz

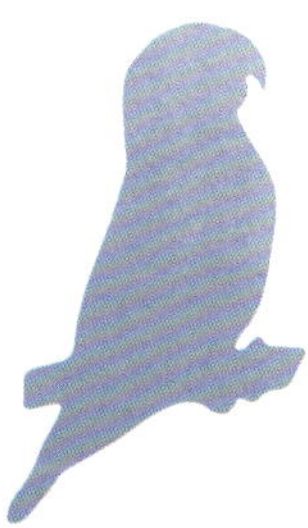

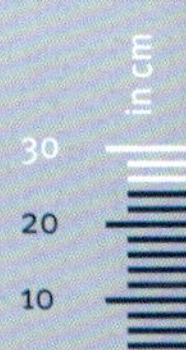

MAX, DER ULTIMATIVE UNTERWASSERFLIEGER

GEFLECKTER ADLERROCHEN

Er kam, sah – und wollte nicht. Wollte einfach nicht rausschwimmen aus dem kleinen Eingewöhnungsbecken in die (fast) unendliche Weite des großen Hai-Atolls, sodass am Ende nur sanfter Druck half. Wie vor ihm schon der verirrte Pinguin Happy Feet, der von Wissenschaftlern in Neuseeland aufgepäppelt wurde und der bei seiner Auswilderung regelrecht von Bord des Schiffes geschubst werden musste, musste auch Max handfest zum Umzug aufgefordert werden. So bezog er sein neues Zuhause aus einem Kescher heraus – und begeistert seitdem die Besucher in Hagenbecks Tropen-Aquarium mit seinen Unterwasser-Flugeinlagen.

Dr. Guido Westhoff kommt aus dem Schwärmen gar nicht wieder heraus. „Max ist ein Unterwasserflieger in Perfektion, das sieht einfach ganz, ganz großartig aus“, sagt der Biologe und Leiter des Tropen-Aquariums, wenn man ihn auf den Adlerrochen anspricht. Insgesamt drei der eleganten Tiere sind in Stellingen zu sehen: Max kam im Januar 2011 nach Hamburg, die beiden Damen folgten im April 2011. Alle stammen aus dem Burgers' Zoo im niederländischen Arnheim. „Das ist einer von sechs Zoos weltweit, die Gefleckte Adlerrochen nachzüchten“, erzählt Westhoff. „Als die damit anfingen, haben wir uns gleich auf die Liste setzen lassen, um Nachwuchstiere zu bekommen.“

Kein Wunder, dass diese begehrt sind: Adlerrochen gehören zu den beeindruckendsten Tieren der Meere. Die Rochen bewegen sich mit einem langsamen Schlag ihrer Brustflügel fort und erinnern damit an das elegante Flugbild großer Vögel. Taucher können *Aetobatus narinari*, so sein wissenschaftlicher Name, in allen tropischen und fast allen subtropischen Meeren beobachten.

Optisch besticht der Gefleckte Adlerrochen, das verrät bereits sein deutscher Name, unter anderem durch seine hell gepunktete Oberseite. „Die gefleckte Zeichnung, die unter Wasser hellblau erscheint, ist besonders intensiv am hinteren Rand, und alle Tiere tragen ein individuelles Muster. Dadurch kann man sie gut unterscheiden", verrät Guido Westhoff. Aber auch die blendend weiße Unterseite, eine Flügelspannweite von bis zu 2,50 Metern, ein langer, peitschenartiger Schwanz und die lustige Donald-Duck-Nase machen den Rochen zu einem echten Hingucker.

Die hervorstehende Schnauze mit der konkaven Oberseite ist keine Laune der Natur, damit Zeichentrickfilme eine geeignete Vorlage finden. Sondern ein ausgeklügeltes Organ. „Beim Fressen machen die Rochen, wie alle Knorpelfische, ihre Nase richtig breit; sie falten sie ein wenig auseinander", erklärt der Biologe. Der Sinn: In ihr befinden sich Elektrorezeptoren, mit denen die Tiere Beute aufspüren und sich orientieren können. Und das ist während des Fressens besonders wichtig, denn dann sehen Rochen und Haie für einen kurzen Moment nichts mehr.

Doch zum Fressen kam Max anfänglich gar nicht: Dem damals erst sechs Monate alten Adlerrochen jagten die 22 Goldmakrelen im Hai-Atoll immer das Futter ab. „Ein rüpelhafter Haufen, die haben Max anfänglich auch in die Flossen gebissen", erinnert sich Westhoff. Als die Makrelen ihr Interesse an dem Neuankömmling verloren, heftete sich ein junger Schwarzspitzenhai Max an die Flossen. Doch dem entkam der Rochen durch wendiges Hakenschlagen. Sicherheitshalber zogen die Tierpfleger ein Netz über das große Becken – Adlerrochen sind dafür bekannt, gern einmal aus dem Wasser zu springen.

Seitdem ist Ruhe eingekehrt. Und Max hat an Selbstbewusstsein gewonnen: Nicht nur dass er entspannt seine Bahnen im oberen Teil des Beckens zieht und sich zweimal täglich Sardinen, Tintenfisch, Seelachs und Garnelen schmecken lässt (von den Tierpflegern gefüttert, nicht von Max erjagt). Er ist auch so neugierig geworden, dass er den Tauchern „die Ohren anknabbern“ würde, wie Westhoff sagt, wenn diese nicht aufpassten.

Und auch, wenn er seine anfänglichen 59 Zentimeter Spannweite und drei Kilogramm Gewicht bereits „gut ausgebaut“ habe, ist an eines bei Max und den etwas kleineren Weibchen noch nicht zu denken: Sex. Dafür sind sie noch zu jung. Solange muss es der andere Max mit dem Rochennachwuchs richten – Max Janse, der Kurator von Burgers' Zoo, nach dem der Hamburger Unterwasserflieger benannt ist.

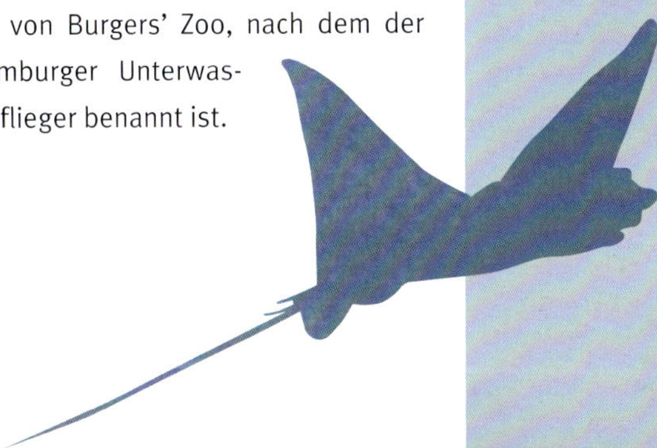

GEFLECKTER ADLERROCHEN
Aetobatus narinari

KOPF-SCHWANZ-LÄNGE
3,30 m

VERBREITUNG
Atlantik
Indischer und Pazifischer Ozean

NAHRUNG
Schnecken
Muscheln
Tintenfisch
Krebstiere

TRAGZEIT
10–12 Monate

BESONDERHEITEN
Lebendgebärend (vivipar)

STANDORT
Großes Hai-Atoll

PARADOXA SPIELT JEDEN TAG DAS STÜCK VOM VERDORRTEN BLATT

GEISTERMANTIS
(VERDORRTES BLATT)

Für dieses Tier braucht man eher einen Gärtner als einen Tierpfleger. Jedenfalls wenn man sich von dem bühnenreifen Auftritt des Insekts täuschen lässt – und die Chancen dafür stehen außergewöhnlich gut. „'Die stellen hier nur verdorrte Äste aus, und Fliegen', hört man immer mal wieder Besucher sagen", berichtet der Leiter des Tropen-Aquariums im Tierpark Hagenbeck. Die Fliegen, wohlgemerkt, sind das Futter – für Paradoxa, die Geistermantis.

Sie selbst und ihre Artgenossen mimen braune, welke Blätter, die an Ästen hängen. So wird die Fangschreckenart von Kennern auch tatsächlich „Verdorrtes Blatt" genannt.

Die Geistermantis, lateinisch *Phyllocrania paradoxa*, erreicht ihre Tarnung durch zahlreiche Anhängsel, sogenannte Loben. Am Körper, an den Beinen und als Krone auf dem Kopf gaukeln diese flachen, kantigen Körperflächen perfekt vor, Teil eines trockenen Blattes zu sein. Dazu kommt die hellbraune Grundfarbe des Insekts und seine alles andere als rasante Fortbewegung. Und schon ist es kaum noch auszumachen, im oberen rechten Kasten des Insektenschranks, in der sogenannten Grabkammer des Stellinger Tropen-Aquariums.

„Das Aussehen der Geistermantis ist für zweierlei gut", sagt Guido Westhoff. „Zum einen lässt es sich so bestens auf Beute lauern, und zum anderen läuft man selbst keine Gefahr, Beute zu werden." So warten die Fangschrecken geduldig auf andere Fluginsekten, die sie mit ihren bedornten Fangbeinen sogar aus der Luft fangen können. Eine der wenigen Bewegungen, bei denen es bei Paradoxa wirklich blitzschnell zugeht.

15 der bis zu fünf Zentimeter großen Tiere sind derzeit für die Besucher des Tropen-Aquariums zu sehen. Aber

hinter den Kulissen wird fleißig mit weiteren Tieren nachgezüchtet. Dabei sei es praktisch, dass man gut mehrere Individuen zusammen halten kann, erklärt der Biologe. „Der Kannibalismus ist bei dieser Art nicht besonders stark ausgeprägt, selbst die Männchen kommen nach der Paarung heil davon.“ Bei anderen Fangschreckenarten haben die Herren da nicht so viel Glück.

Die Geistermantis kommt in Ostafrika, der Demokratischen Republik Kongo, Angola, Namibia, Südafrika und Simbabwe vor. Hier besiedelt sie Sträucher und Büsche – besonders in trockenen Gebieten, sonst wäre es ja nichts mit der Tarnung als verdorrtes Blatt.

Das Leben der Geistermantis ist zum Aus-der-Haut-Fahren. Paradoxa ist jedenfalls ein Hamburger Geschöpf. Mit vielen anderen sechs bis sieben Millimeter langen Larven ist sie im März 2011 bei Hagenbeck geschlüpft. Damit sind ihre Tage fast schon gezählt: Männchen der Geistermantis werden etwa acht Monate alt; Weibchen Paradoxa kann immerhin auf eine Lebenserwartung von elf Monaten hoffen. „Ganz ausgewachsen sind unsere Tiere noch nicht“, sagt jedenfalls Westhoff. Das heißt, dass noch weitere Häutungen anstehen, wobei die Insekten jedes Mal komplett aus ihrer Haut schlüpfen, die dann an einem Ast hängen bleibt. Und sich nur bei sehr genauem Hinsehen und durch eine hellere Färbung von den lebenden Tieren unterscheidet.

Auch die Eipakete der Geistermantis werden von ihr in die Büsche gehängt. Zehn dieser im Fachjargon „Ootheken“ genannten, drei bis fünf Zentimeter großen Sammelbehälter produzieren die Weibchen im Abstand von sechs bis zwölf Tagen, wenn die bis zu sechsstündige Paarung erfolgreich war. Aus diesen anfänglich grünen, später bräunlich bis schwärzlichen Kinderstuben schlüpfen nach etwa vier Wochen 10 bis 50 schwarze Larven. Und von Häutung zu Häutung wächst eine neue Generation verdorrter Blätter heran.

Ein bizarres Tier mit einer spannenden Entwicklung, das viele Biologen fasziniert. Und Kinder. Aber dass die Geistermantis gut zu halten ist und auch ohne Probleme auf die Hand genommen werden kann, wollen haustiersuchende Mamis an dieser Stelle bestimmt ungern lesen. Ein wenig Fell wäre dann doch ganz nett, oder?

GEISTERMANTIS
„VERDORRTES BLATT“
Phyllocrania paradoxa

GRÖSSE
5 cm

GELEGE
10–50 Eier

BRUTDAUER
4 Wochen

NAHRUNG
Insekten

VERBREITUNG
Ostafrika

BESONDERHEITEN
Kann den Kopf um 180 Grad drehen

STANDORT
Schrank in der Grubenkammer

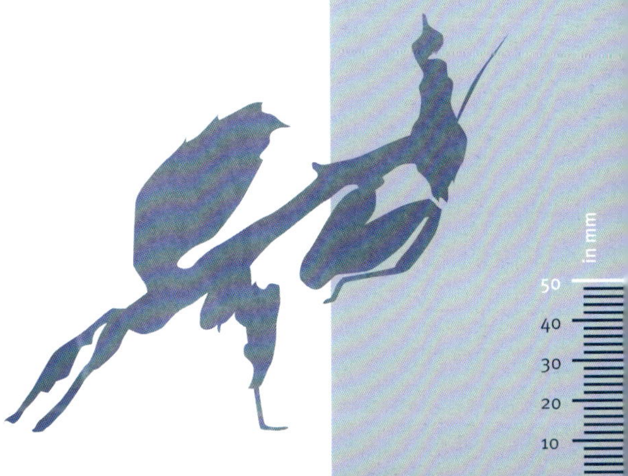

ROBINSON –
EINE QUALLE AUF ABWEGEN

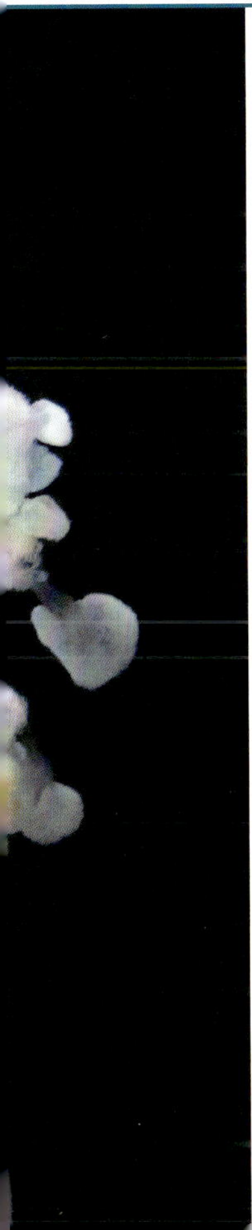

Robinson besteht zu 99 Prozent aus Wasser. Mit dem Restprozent bewegt, empfindet, frisst, verdaut und vermehrt er sich. Ganz Mann also, mag Frau jetzt seufzen. Obwohl: Bei Quallen spielt die Frage „Er, sie oder es?“ eher eine untergeordnete Rolle. Doch dazu später mehr.

Robinson ist auch so nicht irgendeine Qualle, sondern das äußerst ansehnliche Exemplar einer Gepunkteten Wurzelmundqualle. Seine Vorliebe für einsame Abenteuer (nicht gerade das, wofür Quallen bekannt sind) handelte ihm seinen Namen ein: „Wir hatten längst alle Quallen vom Aufzuchtbecken hinter den Kulissen in unser Quallenbecken in der Ausstellung gesetzt“, sagt Reiner Reusch, Tierpfleger in Hagenbecks Tropenaquarium. Als das

Aufzuchtbecken für eine neue Ladung Quallennachwuchs gesäubert wurde, entdeckten sie ihn: Robinson. Einsam. Im Filter des Beckens. „Da muss er wohl über das Ansaugrohr reingekommen sein", sagt Reusch und grinst.

Der unfreiwillige Aussiedler war etwas kleiner und blasser als seine Kompagnons, ansonsten aber in guter Verfassung. Er wurde umgehend ins Schauaquarium „nachgeliefert". „Aber fragen Sie jetzt nicht, welches der 40 Tiere es ist – das kann man bei aller Liebe nicht mehr sagen", nimmt Reusch die Antwort auf die nächste Frage vorweg. Schade eigentlich – aber hübsch sind sie ja alle.

Die aparten Schirmquallen kommen ursprünglich aus dem Pazifischen und dem Indischen Ozean, haben sich aber in den vergangenen Jahrzehnten auch im Golf von Mexiko angesiedelt. Ihr Schirm, der bis zu 40 Zentimeter Durchmesser misst und in Ausnahmefällen sogar 70 Zentimeter groß werden kann, macht sie zu einer der größten Quallen der Erde. Dass der Schirm mit seinen weißen, lichtreflektierenden Punkten bräunlich schimmert, liegt an den Zooxanthellen. Das sind Algen, die im Körper eines Wirtes leben und ihn – quasi als Miete – mit Zucker, Stärke und anderen Produkten versorgen.

Bei Hagenbeck geht es für die schwebenden Schönheiten rund – im Quallenkreisel, einem Becken mit spezieller Strömung. Karussellfahren für Nesseltiere, zwölf Monate lang: „Das ist die Lebenserwartung der Quallen", sagt Reusch.

Obwohl sie Sensibelchen sind, die einen täglichen Wasserwechsel brauchen, es nicht wärmer als 23 Grad mögen und ständig nach kleinen Krebstierchen gieren, gehören sie zu Reuschs Lieblingen. Deshalb war er auch glücklich, als die ersten im August 2009 aus dem Wiener Tiergarten Schönbrunn bei Hagenbeck eintrafen.

Fortan will man hier selbst züchten. Spannend – schließlich wechseln die Tiere von Generation zu Generation von einer geschlechtlichen zu einer ungeschlechtlichen Vermehrung und von einem Stadium als Meduse (landläufig als Qualle bezeichnet) zu einem fest sitzenden Polypen. Und sollten ihnen die Gepunkteten Wurzelmundquallen noch immer nicht ans Herz gewachsen sein, merken Sie sich diese aus praktischen Gründen: fürs nächste Scrabble-Turnier.

GEPUNKTETE WURZELMUNDQUALLE
Phyllorhiza punctata

SCHIRMDURCHMESSER
35 bis 40 cm,
selten bis zu 70 cm

VERBREITUNG
Indopazifik

NAHRUNG
Plankton

BESONDERHEITEN
Ihr Nesselgift ist für den Menschen harmlos

STANDORT
Quallenkreisel

GEORGE, EIN FILMSTAR UND FRAUENSCHWARM AUF TAUCHSTATION

GRAUER RIFFHAI

Graue Schläfen, ein athletischer Körper und dazu dieser durchdringende Blick. Georges Anwesenheit lässt das Adrenalin nicht nur bei Frauen in die Höhe schnellen. „Er ist definitiv unser elegantester Hai", sagt Guido Westhoff. Eine Begegnung mit dem Grauen Riffhai steht der mit Hollywood-Beau und Namenspatron George Clooney dann auch in nichts nach. Na gut, sagen wir mal: in fast nichts.

80 Zentimeter lang war der männliche Hai, als er 2007 nach Hamburg kam. Mittlerweile hat er eine Länge von 1,60 bis 1,80 Metern erreicht. „Ich schätze ihn auf Jahrgang 2003, vielleicht sogar auch etwas älter", sagt Westhoff, doch genauer lässt sich das nicht bestimmen: George ist, wie auch seine beiden Damen, ein Wildfang, den der Tierpark von einem Fischhändler in Australien bezogen hat. Seitdem ziehen die drei Grauen Riffhaie gemeinsam mit ihren Verwandten, den Schwarzspitzen-Riffhaien, und unzähligen anderen Meeresbewohnern ihre Bahnen durch das Große Hai-Atoll. Das 1,8 Millionen Liter Wasser fassende Aquarium ist eines der größten in Europa – und wird regelmäßig bei einem Tauchgang inspiziert.

„Alle zwei Wochen tauchen wir zu zweit im Hai-Atoll, alleine schon, damit die Tiere sich an unsere Anwesenheit gewöhnen", sagt der Biologe. Die Taucher gehen immer nacheinander hinein, nicht nebeneinander, „um nicht so massiv zu wirken und den Haien nicht den Weg abzuschneiden. Ich habe bereits Ansätze von dem Warnverhalten der Haie bei uns im Aquarium gesehen – dann drücken wir uns an die Wand und verhalten uns still, und dann beruhigen sich die Tiere auch schnell wieder."

Knurren oder fauchen, die Ohren anlegen, mit den Hufen scharren – all das können Haie nicht. Wie also drückt ein Hai aus, dass man ihm in die Quere gekommen ist und lieber das Weite suchen sollte? „Das ist sehr deutlich zu sehen", sagt Westhoff. „Die Haie ziehen die Nase nach oben, drücken den Rücken durch, stemmen die Brustflossen nach unten und krümmen sich dazu von links nach rechts, was wie ein Schaukeln aussieht." Dieses Verhalten zeigen sie recht lange vor einem Angriff. Man muss es nur zu deuten wissen.

Der Graue Riffhai ist im Indopazifik und im Roten Meer beheimatet, wo er vorwiegend Außenriffe besiedelt. Als typische Vertreter ihrer Art, sind die drei Tiere ständig in Bewegung, da die Kiemen einen beständigen Wasserdurchfluss zur Sauerstoffaufnahme benötigen. So schlafen die Haie auch während des Schwimmens – wie genau, ist noch nicht vollständig erforscht.

Besser Bescheid weiß man über das Sexleben des Filmstars. Abdrücke von Paarungsbissen, die George seinen Schönen verpasst hat, konnte man schon sehen. Nachwuchs hat es bei der lebendgebärenden Haiart allerdings noch nicht gegeben, aber die Tiere, die bis 2,40 Meter lang werden können, kommen auch vermutlich jetzt erst so richtig in die Geschlechtsreife.

Schmecken lassen sich George und die anderen Haie dreimal in der Woche Seelachs, Steinbeißer, Makrelen, Krabben und Oktopus. Bei der Fütterung per langer Pinzette vom Beckenrand sind die Grauen Riffhaie, die eher den unteren Teil des Aquariums bewohnen, etwas schüchterner als die Schwarzspitzen-Riffhaie. Ihre Zurückhaltung legen sie allerdings dann ab, wenn einer der kleineren Fische im Aquarium krank ist. Dann werden diese auch schon einmal von den Haien gefressen.

Selbst kann der elegante George nicht viel für seine Körperpflege tun: Putzerfische können mit den schnell schwimmenden Haien nicht mithalten. Und wenn sich einmal eine Goldmakrele an die grauen Flanken des großen Räubers heranschmeißt, ja, sich regelrecht an ihm reibt – dann ist das kein Anbiedern eines (weiblichen) Fans. Nein, die Makrelen nutzen die extrem raue Haut der Haie, um sich zu kratzen. Ob der andere George wohl deshalb ab und zu einen Dreitagebart trägt …?

GRAUER RIFFHAI
Carcharhinus amblyrhynchos

KÖRPERLÄNGE
Männchen: 2,50 m
Weibchen: 1,70 m

LEBENSERWARTUNG
25 Jahre

WURFGRÖSSE
1–6 Junge

GEBURTSLÄNGE
40–60 cm

VERBREITUNG
Indischer Ozean
Pazifik

BESONDERHEITEN
lebendgebärend

STATUS
gering gefährdet

NAHRUNG
Fische
Tintenfische
Krebse

STANDORT
großes Hai-Atoll

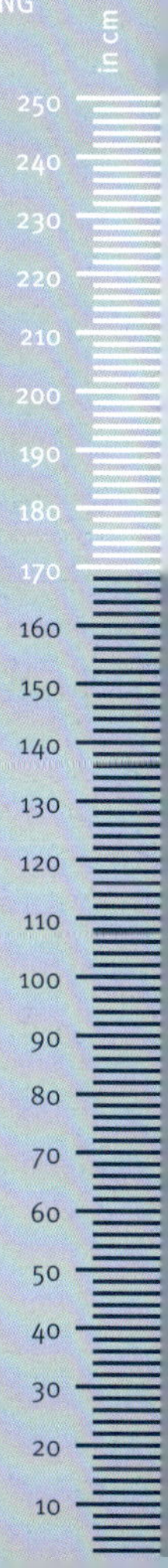

BEI SIMONE SIND POLYPEN KEIN HNO-PROBLEM

GRIFFELKORALLE

Simone ist nicht eine, sondern viele. Das Phänomen der multiplen Persönlichkeit gehört für Korallen zum Alltag; leben die winzigen Tiere doch in Kolonien zusammen. Polyp an Polyp an Polyp ist somit auch kein Fall für den Hals-Nasen-Ohren-Arzt, sondern auf Grundlage eines Kalkskeletts das, was wir landläufig als „eine Koralle" bezeichnen.

Simone also, eine heute 40 Zentimeter große Griffelkoralle, kam 2007 als winziger Ausgangsstock nach Hamburg. Sie kam von einem internationalen Korallenzucht-Projekt aus England. Damals war sie gerade einmal fingernagelgroß, ein sogenannter nubbin: „Das sind kleine Stücke, die man auf sogenannte Coral stubs aufpflanzt – Zylinder aus Gips, die als Untergrundmaterial für die Koralle dienen", erklärt Guido Westhoff.

Das Projekt in Hall verteilte weltweit nubbins an geeignete Institutionen, um mehr darüber zu erfahren, wie schnell und unter welchen Bedingungen Korallen wachsen. Simone hat sich dabei prächtig gemacht: Der Stock ist so ausgezeichnet gewachsen, dass Westhoff mittlerweile von ihr bereits mehrere kleine Ableger genommen hat, die an verschiedenen Stellen im Korallenriffbecken weiterwachsen. Griffelkorallen *(Stylophora pistillata)* kommen unter anderem im Indopazifik vor. Sie gehören zu den kleinpolypigen Steinkorallen – und unter denen sind sie eine Art mit recht großen Polypen. Jeder Polyp ist dabei ein einzelnes Tier. Wie bei allen Nesseltieren, zu denen Korallen zählen, ist auch ein Steinkorallenpolyp becherförmig aufgebaut. Er hat eine zentrale Mund- und Ausscheidungsöffnung, die von Tentakeln umgeben ist. Damit fängt er Nahrung aus dem Wasser. „Wenn Besucher nah an die Scheibe herangehen, können sie die ‚Ärmchen' der einzelnen Polypen erkennen", sagt Guido Westhoff. Werden die Polypen der Griffelkorallen doch fast einen Zentimeter groß.

Jeder Polyp sitzt in einem kalkigen Korallenkelch, der von dem Polypen nach unten ausgeschieden wird. Je mehr Altkelche übereinandergelagert werden, desto größer wird der Korallenstock – so wachsen Riffe. Dabei bleiben die einzelnen Polypen trotzdem in Verbindung: Das tote Kalkskelett ist mit einem Gewebe überzogen, über das die Polypen Nahrungsstoffe austauschen und Reize weitergeben.

Deshalb sind zur Unterhaltung des großen Korallenbeckens mit seinen 57 000 Litern Wasser unter anderem drei Kalkreaktoren nötig sind. „Denn die Korallen entziehen dem Wasser kontinuierlich ihren wichtigen Baustoff. Um den Kalziumwert von 420 Milligramm pro Liter im Wasser zu halten, braucht man die Reaktoren." 20 000 Watt Licht bescheinen das Riffbecken, an das auch noch drei Sandfilter, ein Bioreaktor und ein Eiweißabschäumer angeschlossen sind. Außerdem sorgen drei UV-Röhren für das Entkeimen des Wassers.

Steinkorallen bestechen durch ihre vielfältigen Wuchsformen: Manche sehen aus wie ein Ast, andere ähneln Geweihen, Zungen oder Gehirnen. Simone erinnert an eine Kreuzung aus Brokkoli und ganz winzigen Nadelbaumzapfen. Dazu zeigt sie eine eigentümliche, lila-bräunliche Färbung, die mal mehr, mal weniger leuchtet. „Wir können das steuern, über Spurenelemente im Wasser", erläutert Westhoff. „Die Farben können richtig quietschig werden."

Weitaus wichtiger für die Korallen als die Spurenelemente sind jedoch die Nahrungsschwebteile im Wasser. „Wir füttern unsere Korallen nicht extra mit Plankton, sonst würden die Filter verstopfen", sagt der Biologe. „Von der Fütterung der Fische bleiben immer noch genug kleinste Partikel für die Korallen übrig, die mit der Strömung über das Riff verteilt werden." Mehr als 50 Korallen- und auch mehr als 50 Fischarten wollen hier täglich satt werden. Die einen jedoch nicht von den anderen: Alle Fische, die als Korallenpicker bekannt sind, wurden bis auf ganz wenige Ausnahmen rausgefangen.

Keine Gefahr also für Simone und Co. – auch nicht durch die berüchtigte Korallenbleiche. Diese setzt ein, wenn Korallen ihre winzigen Symbionten, die sogenannten Zooxanthellen, unter Stress ausstoßen und dadurch von ihnen nicht mehr mit Zucker und Stärke versorgt werden.

Aber wer damit leben kann, ganz viele zu sein, der macht sich auch keinen Stress.

GRIFFELKORALLE
Stylophora pistillata

GRÖSSE
25 cm

VERBREITUNG
Australien
Neuguinea

TEMPERATUR
24–27 Grad

NAHRUNG
Plankton, Licht
(Zooxanthellen)

BESONDERHEITEN
In den Polypen leben einzellige Lebewesen in Symbiose, die sogenannten Zooxanthellen der Gattung Symbiodinium. Diese Einzeller betreiben Photosynthese und stehen im Nährstoffaustausch mit den Korallen. Die Polypen fangen zusätzlich Plankton

STANDORT
Korallensaumriff

RANAVALONA WURDE AUSGESETZT – IM DIENSTE DER FORSCHUNG

GROSSER
MADAGASKAR-TAGGECKO

Ersthelfer kennen die einfache Regel. Wer als Laie einem Menschen helfen will, der gesundheitliche Probleme hat, für den gilt: nix rein in den Patienten, nix raus aus dem Patienten. Das gilt auch für Zoos. Tiere nach dem Besuch mit nach Hause zu nehmen ist eine ebenso schlechte Idee wie die, unliebsam gewordene Haustiere einfach dort auszusetzen.

Ranavalona ist da eine Ausnahme. Die Reptiliendame wurde mit drei Artgenossinnen im Rahmen eines „Jugend forscht"-Projekts von Schülern der Gesamtschule Harburg im April 2008 im Tropen Aquarium ausgesetzt. Mit großem Erfolg: Wie in freier Natur fällt es mittlerweile schwer, die Tiere noch zu sehen.

„Bisher saß sie immer ganz gut sichtbar im Bambus bei den Kattas", sagt Marion Minde. Doch in letzter Zeit sei das Weibchen dort nicht mehr zu sehen. „Vielleicht hat sie sich in höhere Gefilde der Pflanzen zurückgezogen, weil es da heller ist, jedoch nicht so gut einsehbar für uns", mutmaßt die Tierpflegerin. Denn als tagaktive Tiere, so sagt es auch der Artname Großer Madagaskar-Taggecko, mögen es die hübsch gezeichneten Tiere gern hell.

Vier junge weibliche Geckos hatten die Schüler und ihr Lehrer Olaf Zeiske für das „Jugend forscht"-Projekt vom Gartencenter Dehner geschenkt bekommen. Die jungen Forscher betreuten die Reptilien vom Schlupf an und untersuchten die Lebensbedingungen der Tiere. Als die Geckos herangewachsen waren, brachten sie sie zu Hagenbeck. Minde: „Wir haben noch ein Pärchen dazugegeben, die dann alle in unserer großen Halle ausgesetzt wurden."

Anfänglich waren die Reptilien auch deshalb noch gut zu sehen, weil sie nicht gerade unauffällig sind: Der Große Madagaskar-Taggecko *(Phelsuma grandis)* zählt zu den größten Geckos überhaupt. Er hat eine Gesamtlänge von bis zu 30 Zentimetern und eine Kopf-Rumpf-Länge von 15 Zentimetern. Auffallend grün leuchten die Tiere, dazu tragen sie eine rote Querbänderung, die verblassen kann, je älter die Tiere werden. Kehle und Bauch der Reptilien sind weiß bis hellgrau gefärbt.

Wenn sie nicht durch Hagenbecks Tropenwelt huschen, kommen Große Madagaskar-Taggeckos im Norden Madagaskars vor. Ranavalona hat ihren Namen daher auch von einer Reihe von gleichnamigen Herrscherinnen des einstigen Königreichs Madagaskar. Allerdings findet man die Geckos auch auf der Insel Mauritius und den Florida Keys, wo die beliebten Terrarien-Bewohner, die auch in Deutschland viel und gut nachgezüchtet werden, eingeführt wurden.

Eine Nachzucht der frei laufenden Geckos konnten Marion Minde und ihre Kollegen noch nicht erspähen, doch dazu gibt es auch zu viele Versteckmöglichkeiten. „Große Madagaskar-Taggeckos legen ihre hartschaligen Eier, immer zwei Stück, vorzugsweise in kleine Höhlen in Bambusstämme", sagt Minde. Fänden sie einmal keine passende Nische, würden sie die Eier auch einfach außen anheften. Nach 60 bis 90 Tagen schlüpfen die Jungtiere – die Weibchen zuerst, die männlichen Nachkommen folgen.

Und auch wenn sie Meister der Tarnung und noch dazu ziemlich flink sind: Wie auch in der Natur müssen sich die Reptilien vor einigen Vögeln im Tropen-Aquarium in Acht nehmen. „Die Blauracken zum Beispiel würden einen Gecko nicht verschmähen“, sagt Minde. Bleibt zu hoffen, dass Ranavalona tatsächlich einfach nur ein gesteigertes Interesse an Sonnenlicht hatte und friedlich in einem der Baumwipfel der Halle hockt. Und nicht bereits Vogelfutter wurde.

An den Stellen, an denen die Geckos zuletzt gesehen wurden, streut Marion Minde jedenfalls immer eine extra Handvoll Insekten aus, damit die Nahrungsopportunisten (nehmen von Insekten über Früchte und Nektar bis hin zu kleinen anderen Echsen alles, dessen sie habhaft werden können) ausreichend Futter finden. Doch bitte nicht zu viel: Taggeckos neigen dazu zu verfetten – und nicht nur die Königinnen.

GROSSER MADAGASKAR-TAGGECKO
Phelsuma grandis

GESAMTLÄNGE
30 cm

GELEGE
während der Paarungszeit etwa alle 3–4 Wochen 2 Eier

BRUTDAUER
etwa 65 Tage bei 28 Grad Celsius

NAHRUNG
Insekten
Spinnen
Schnecken
Früchte
Nektar
Pollen

VERBREITUNG
Nordmadagaskar

STANDORT
frei laufend in der Tropenwelt

ANNA, DIE ANAKONDA, IST EIN TIER DER SUPERLATIVE

GRÜNE ANAKONDA

Ein wenig jung sind sie ja noch dafür. Aber das scheint sie nicht zu stören. Anna, Jahrgang 2006, und ihr Männchen, Jahrgang 2008, wurden neulich von Guido Westhoff überrascht. Bei Paarungsspielen. „Vielleicht wollten sie mal ausprobieren, wie es gehen könnte." Und auch wenn er sich „sehr gewundert habe", bestehe kein Grund zum Eingreifen aus Jugendschutzgründen: Sind Anna und ihr Männchen doch Grüne Anakondas.

Die zu den Würgeschlangen zählenden Tiere sind die schwersten Schlangen der Welt. Sie können bis zu 200 Kilogramm schwer werden, bei einer Länge von bis zu sechs Metern. Längentechnisch werden sie dabei nur von den Netzpythons geschlagen, von denen es auch zwei Exemplare im Riesenschlangengehege des Tropen-Aquariums gibt. Diese Art erreicht bis zu acht Meter Körperlänge.

Von ihren Höchstmaßen sind Anna und das Anakonda-Männchen noch weit entfernt. Sie misst noch unter drei Meter Länge und wiegt vielleicht gerade einmal 25 Kilogramm, bei ihm ist es die Hälfte. Und dieser Größenunterschied wird auch zeitlebens so bleiben, bei Anakondas sind die Weibchen das stattliche Geschlecht.

Anna bildet sich darauf jedoch nichts ein oder nutzt es sogar aus – im Gegenteil: „Sie ist ein sehr friedlicher Charakter, lässt sich von uns ohne Probleme anfassen", sagt Westhoff. Allerdings sei das Würgeschlangen-Weibchen extrem neugierig: Sobald ein Tierpfleger das Gehege betrete, komme sie an und züngele an ihm oder ihr herum – Erkundung auf Schlangenart. Dieses Verhalten zeige das Grüne-Anakonda-Männchen nicht.

Grüne Anakondas, die auch Große Anakondas genannt werden, kommen in Kolumbien, Venezuela, Trinidad und Tobago, Guyana, Surinam, Französisch-Guayana, Brasilien, Ecuador, Peru, Bolivien und Paraguay in der Nähe von Seen, langsam fließenden Flüssen oder saisonal überschwemmten Savannen vor. Sie sind die Amphibien unter den Schlangen. Ihr bevorzugter Aufenthaltsort ist das Wasser, und das ist auch bei Hagenbeck gut zu sehen: Außer für kurze Ruhepausen, zusammengerollt auf dem Heizstein, liegen die Tiere fast immer im Wasserbecken.

An dem Fischbesatz (Scheibensalmler, Süßwasserrochen und Vieraugenfische) vergreifen sich die Schlangen dabei dennoch nicht: „Fische sind nicht so ihr Ding, sie sind eher Säugetier- und Reptilienfresser“, sagt Westhoff. So bekommt Anna ein bis zwei Kaninchen bei jeder Fütterung, alle zwei bis vier Wochen, während sich das Männchen noch mit Ratten begnügt.

Ganz darauf vertrauen, dass den beiden nicht einmal nach einem größeren Happen zumute ist, sollte man aber nie. Deshalb lautet die unumstößliche Regel im Haus auch, dass immer zwei Tierpfleger gemeinsam das Gehege betreten. Besonders beim Reinigen der Scheibe von innen, während man bis zum Hals im Wasser steht, kann sonst schnell ein falscher Eindruck bei den Schlangen entstehen.

Der Nervenkitzel, eine gewaltige Würgeschlange von Nahem zu sehen, macht die Tiere für viele Besucher besonders attraktiv. Immerhin sind die Anakondas auch die „Kraftpakete unter den Schlangen“: Sie können einen Druck von sieben Kilogramm pro Quadratzentimeter ausüben, und das 20 Minuten lang – damit läge im Würgegriff einer Anakonda auf einem menschlichen Brustkorb ein Gewicht von etwa sieben Tonnen. Doch die Besucher schätzen die Tiere auch wegen ihrer Zeichnung: In der Grundfarbe zwischen Olivgrün und Braun variierend, haben sie auf dem Rücken ovale bis runde schwarze Flecken und über dem cremeweiß bis hellgelb gefärbten Bauch eine Reihe orangefarbener Flecken.

Seit August 2010 leben Anna und ihr Mann bei Hagenbeck zusammen. Während sie von einem Züchter nach Hamburg kam, stammt er aus einer Beschlagnahmung von einem privaten Halter ohne die entsprechenden Papiere. Zwischen ihnen gefunkt zu haben scheint es jedenfalls sofort, und wenn das „Ausprobieren" so weitergeht, könnten nach sechs bis acht Monaten bis zu 70 Jungtiere geboren werden, die immerhin auch schon 70 bis 90 Zentimeter lang und 150 bis 400 Gramm schwer wären.

GRÜNE ANAKONDA
Eunectes murinus

GEWICHT
200 kg

GESAMTLÄNGE
6 m

TRAGZEIT
6–8 Monate

WURFGRÖSSE
18–70 Jungtiere

GEBURTSGEWICHT
150–400 g

GEBURTSLÄNGE
70–90 cm

BESONDERHEITEN
Weibchen legen ihre Eier nicht ab, sondern brüten sie im Körper aus (ovovivipar)

NAHRUNG
Fische, Amphibien, Reptilien, Vögel, Säugetiere

VERBREITUNG
Südamerika

STANDORT
Riesenschlangenfluss

WIE ÄRGERT SICH JEMAND GRÜN, DER SCHON GRÜN IST?

GRÜNE MAMBA

Frederik zuckt mit dem Kopf. Einmal, zweimal, immer schneller. Das Signal ist klar: Keinen Schritt näher! Doch wer würde das auch freiwillig tun, bei einer Grünen Mamba, die mit ihrem Nervengift einen Menschen töten kann? Wenn sich eine grüne Schlange grün ärgert und das durch das komische Kopfzucken zeigt (Hände zum wütenden Fäusteballen hat sie ja nun einmal nicht), dann sollten die Signale aller Umstehenden auf Rot stehen.

Das beschriebene Zucken haben die Tierpfleger übrigens bisher nur bei Frederik gesehen. Weder die fünf Gewöhnlichen Mambas, die das Gehege im Schlangendorf des Tropen-Aquariums mit dem Mamba-Mann teilen, noch die beiden Gabunvipern in der gemischten Reptilien-WG zeigen dieses Verhalten. Auch Tiere haben individuelle Ausprägungen.

Unterscheiden kann man die Grüne von den Gewöhnlichen Mambas ansonsten durch ihre Färbung: Da sind die Gewöhnlichen Mambas nämlich weitaus grüner als die gelblichgrüne Grüne Mamba... Merke: Auch die Nomenklatur im Tier- und Pflanzenreich hat ihre individuellen Ausprägungen!

Grüne Mambas sind in vielen afrikanischen Ländern heimisch und halten sich dort überwiegend auf Bäumen und Sträuchern auf. „Wir mussten deshalb schon die Balken unter dem Strohdach im Gehege mit Drahtnetz abspannen, weil die Tiere dort immer gelegen haben und niemand sie gesehen hat“, sagt Guido Westhoff. Generell gelten Grüne Mambas als scheu und ziehen sich eher zurück, als auf Angriff zu gehen. Doch ins Gehege zu gehen, wenn die Tiere in einem riesigen Knäuel über dem Türrahmen liegen, ist dennoch nicht die beste Idee. Mambas sind äußerst schnell und wendig. Sie sind hochgiftige Supersportler.

Das Neurotoxin der Grünen Mamba ist auch für den Menschen sehr gefährlich. Das Nervengift legt die Muskulatur des Gebissenen lahm – auch die Atemmuskulatur. Der Vorteil bei Nervengiften gegenüber zell- oder gewebeschädigenden Giften ist, dass man bei einer sofortigen Behandlung mit einem artspezifischen Schlangenserum wieder vollständig hergestellt wird.

Das Wiederherstellen bekommt Frederik bei sich selbst nicht immer richtig hin: Das 1,80 Meter lange Reptil hat häufig Probleme bei der Häutung. Westhoff: „Es kann sein, dass es ihm zu trocken ist, obwohl wir eine Sprühanlage haben, die die Tiere regelmäßig beregnet. Jedenfalls müssen wir ihn manchmal greifen und ihm aus der alten Haut helfen."

Und auch mit der Damenwelt will es bei Frederik (der übrigens nach einem Reptilien-Händler benannt ist) nicht so richtig klappen. Das ist allerdings auch kein Wunder: Sind die Damen doch Gewöhnliche Mambas und damit eine andere Art. „Manchmal sieht man Frederik trotzdem bei Paarungsversuchen. Ich würde ihm schon gern ein passendes Weibchen besorgen, aber zum einen werden Grüne Mambas viel seltener nachgezüchtet und damit auch seltener gehandelt als Gewöhnliche Mambas. Und zum anderen bin ich auch gar nicht wirklich traurig, wenn unsere Giftschlangen keinen Nachwuchs bekommen. Wohin sollten wir dann mit den Jungtieren? Da hat man eine große Verantwortung", sagt Westhoff.

So fristet Frederik sein Dasein also als Junggeselle, sonnt sich auf den Ästen im Gehege oder liegt auch schon einmal faul auf einer der Gabunvipern am Boden herum, die das (meistens) mit stoischer Gelassenheit nehmen. Nicht einmal bei der Fütterung, bei der jedes der Tiere ein bis zwei Mäuse pro Woche bekommt, gibt es Streit: Mambas sind dafür bekannt, dass sie sich nicht um eine Maus streiten wie viele andere Schlangen. Sie sind untereinander wirklich friedlich.

Es sei denn, ja, es sei denn, dass man dem Mamba-Mann, der übrigens aus Berlin nach Hamburg kam, zu nah kommt. Dann ärgert sich das Reptil, das nicht aus seiner Haut kann, wahrlich grün. Und fängt diese Sache mit dem Kopf an. Tut mir leid, wenn Sie bisher annahmen, er hätte ihnen nur freundlich zugenickt.

GRÜNE MAMBA
Dendroaspis angusticeps

GESAMTLÄNGE
2,50 m

GELEGE
10–15 Eier

BRUTDAUER
3–4 Monate

NAHRUNG
Vögel, Eier, baumbewohnende Eidechsen, Frösche

VERBREITUNG
Afrika

BESONDERHEITEN
Die Grüne Mamba ist eine der schnellsten und giftigsten Schlangen Afrikas

STANDORT
Giftschlangendorf

THORA IST DIE GEWINNERIN VON EINS ZU EINER MILLION

GRÜNE MURÄNE

So sehen Sieger aus: Lächelnd schaut sie mit einem Blick in die Ferne, der – zumindest für Menschen – schwer zu deuten ist. Grund zur Freude hätte sie allemal, denn die Grüne Muräne Thora ist die eine Muräne, die es als eine von etwa einer Million Larven ins Erwachsenenalter geschafft hat. Die überwältigend große Mehrheit ihrer Geschwister ist nicht bis ans Ende der Nahrungskette gekommen, sondern wurde an deren Anfang von größeren Fischen im Meer gefressen. Jetzt, ausgewachsen, müsste Thora eigentlich nur noch Zackenbarsche fürchten, doch die haben zu ihrem Becken in Hagenbecks Tropen-Aquarium zum Glück keinen Zutritt.

Dass es so aussieht, als ob die Muränen-Dame mit offenem Mund ein wenig debil lächelt, liegt schlicht an ihrer Atemtechnik. „Muränen müssen diese Maulbewegungen machen, für die Sauerstoffzufuhr", sagt Tierpflegerin Heidi Rohr. Sie kommt Thora und den fünf weiteren Grünen Muränen in deren Becken im nachgebauten Maschinenraum eines U-Bootes näher als viele andere. Heidi Rohr taucht regelmäßig in dem Aquarium, um die Bullaugen zu säubern – für den Ein- und weniger für den Ausblick.

Auch wenn sie es ungerecht findet, dass Muränen in Unterwasserabenteuern immer die Bösen spielen, hat die Tierpflegerin selbst eine gute Portion Respekt vor den Zähnen der bis zu zweieinhalb Meter langen Fische. „Ich habe einmal ein Foto vom Arm eines Tauchers gesehen, der von einer Muräne gebissen wurde. Das sah wie abgeschabt aus", sagt sie. „Das möchte ich nicht erleben."

Besucher hielten Thora und ihre fünf Mitbewohner gern einmal für „Seeschlangen", sagt Heidi Rohr. Vielleicht, weil die muskulösen, hellgrünen Tiere wie alle Muränen schlangenartig gebaut sind. Der Körper ist seitlich deutlich abgeflacht und weist keine Beschuppung auf. Auch die Flossen sind ungewöhnlich und tragen zu dem Schlangenaussehen bei: Die Rückenflosse der Grünen Muränen beginnt bereits am Hinterkopf und geht in die Schwanzflosse über, dafür fehlen den Tieren die Brustflossen.

In Gänze sieht man die bis zu zwei Meter langen und bis zu 29 Kilogramm schweren Tiere bei Hagenbeck selten. „Sie schauen meist nur aus den Röhren und Felsnischen in ihrem Aquarium hervor“, sagt Heidi Rohr. Der ehemalige Troparium-Leiter Uwe Richter, der die Tiere vor der Eröffnung im Mai 2007 mit eingesetzt hat, sei sich aber sicher, dass sie „schon ordentlich gewachsen sind“, sagt Heidi Rohr.

Im Freiland sind Grüne Muränen Riffbewohner, die in der Dämmerung und nachts ihren Unterschlupf verlassen und auf Jagd gehen. Hauptsächlich ernähren sie sich von kleineren Fischen, aber auch Krebse, Schalentiere und Tintenfische stehen auf ihrem Speiseplan. Bei Hagenbeck bekommen Thora und Co. zwei- bis dreimal in der Woche Seelachsfilet, Makrelen, Rotbarsch, Garnelen und Tintenfisch serviert – mit einer langen Pinzette ins Becken gehalten, damit jedes Tier etwas bekommt. Rohr: „Sie wissen schon genau, wann Fütterung ist. Thora gehört zu den Forscheren bei den Fütterungen.“ Ist ein Fisch mal zu groß, reißen die Muränen ihn durch schnelle Kopfbewegungen in Stücke. Aber nicht immer stürzen sich die Tiere gierig auf das Futter, so Rohr: „Sie setzen beim Fressen manchmal aus, wenn das Wasser zu warm ist oder sie gestört werden – sie sind doch recht sensibel.“

Sensibel ist Thora auch, was ihre Hautpflege angeht: Zwar soll der gelblich-grünliche Schleim, der den Tieren ihre Färbung gibt, ihre Haut auch vor Parasiten schützen. Doch da doppelt auch unter Wasser besser hält, lacht sich Thora gern Putzerfische an, die ihr dann im offenen Mund Essensreste zwischen den Zähnen herauspicken.

Gute Aussichten also für die fünfjährige Grüne Muräne, gesund alt zu werden. 30 Jahre könnte sie erreichen – etwas, was vielen ihrer Verwandten in freier Wildbahn nicht vergönnt sein dürfte: Das Hauptverbreitungsgebiet der Grünen Muräne ist der Golf von Mexiko, wo sie Riffe, Mangrovenwälder entlang der Küste und auch Mündungsdeltas besiedelt. Genau die Bereiche, die durch die Ölkatastrophe 2010 geschädigt wurden. Und in denen es in der näheren Zukunft fraglich sein wird, ob die eine aus einer Million Larven es noch schaffen wird, groß zu werden.

GRÜNE MURÄNE
Gymnothorax funebris

GEWICHT
29 kg

GESAMTLÄNGE
2,50 m

VERBREITUNG
Westatlantik
Ostpazifik

NAHRUNG
Fische
Krebstiere
Tintenfische

BESONDERHEITEN
nachtaktive
Einzelgänger

STANDORT
Muränenhöhle

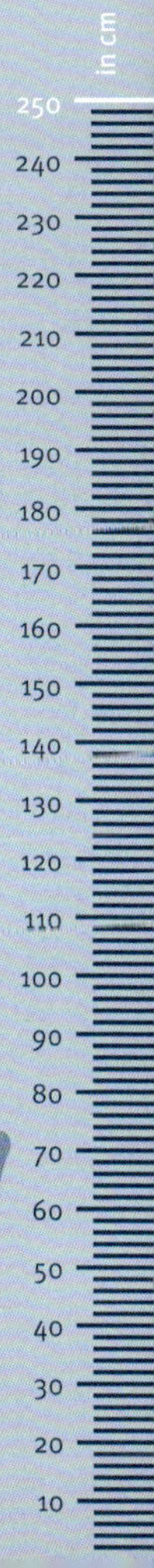

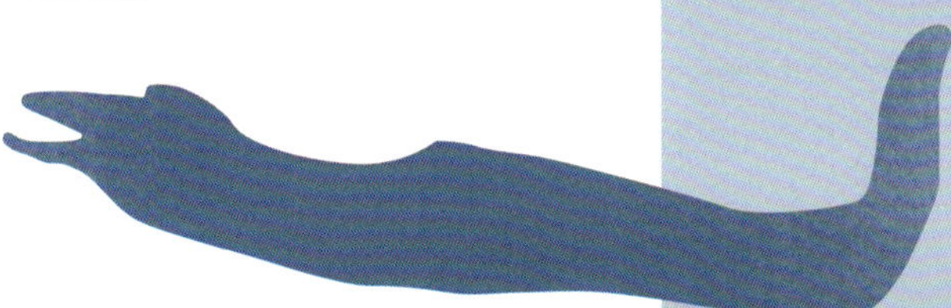

MIT HELM, CHARME UND KLEBEZUNGE

JEMEN-CHAMÄLEON

Der Blick wirr, der Gang taumelig, und von Koordination keine Spur. Noch keinen Tag alt – und schon sturztrunken? Nur gut, dass Mama das nicht gesehen hat... Wer einmal den Schlupf von Chamäleon-Babys in Hagenbecks Tropen-Aquarium beobachtet hat, der kann nicht anders, als wilde Mutmaßungen über den Zustand der Lütten zu hegen. Zu drollig sieht es aus, wie die fünf bis sieben Zentimeter langen Reptilien aus ihren Eiern kriechen, mit ihren Greiffüßen Halt an einem Nachbarei suchen – und dabei nur zu gern abrutschen und auf die Nase fallen. Auch ein Chamäleon, später Meister in so virtuosen Disziplinen wie Sich-im-Blätterdach-Tarnen und Zunge-Schleudern, fängt mal klein an.

Die ersten Gehversuche ihres Nachwuchses hat das Jemen-Chamäleon-Weibchen Sanaa nicht mitbekommen. Die Tierpfleger hatten die Eier aus dem Gelege frühzeitig in eine Brutmaschine überführt, da der Boden und das Klima im Hamburger Echsengehege dann doch nicht ganz den Freilandbedingungen entsprechen. „Unsere beiden Weibchen waren irgendwann auf dem Boden unterwegs, was sie sonst nicht tun. Da wussten wir, dass die Eiablage bevorsteht", verrät Tierpfleger Florian Ploetz. Ploetz ist ein großer Chamäleon-Fan und hält sich auch privat etliche der „angenehmen Mitbewohner", an denen er besonders ihr Aussehen, Verhalten und das spezielle Wesen schätzt.

Tatsächlich war es ein untrügerisches Zeichen, als Sanaa von ihrem angestammten Baum herabstieg. Jemen-Chamäleons, die im Süden der Arabischen Halbinsel beheimatet sind, leben dort auf Sträuchern und Bäumen, bevorzugt in einer Höhe von einem bis drei Meter. Nur zur Eiablage kommen die Weibchen auf den Boden, um hier ihre Eier in einer selbst gegrabenen, tunnelförmigen Höhle zu verstecken. Höhle zuschaufeln, Mama zurück auf den Baum – und fünf bis neun Monate später schlüpfen die Jungtiere.

Bei Hagenbeck leben drei erwachsene Jemen-Chamäleons: Männchen Fiddy teilt sich das Gehege mit zwei Damen. „Zwei Männchen funktioniert nicht, die Tiere sind Einzelgänger", sagt Florian Ploetz. Bei Revierkämpfen flachen die Männchen ihre Körper ab, blähen den Kehlsack auf, nicken mit dem Kopf, fauchen und schwanken mit dem Körper hin und her, der dabei in den grellsten Farben leuchtet. Gibt keiner der Kontrahenten nach, können sich die Reptilien auch schon einmal ernsthaft verletzen. Nur Weibchen gegenüber sind die Kavaliere zahm: Wirbt ein Jemen-Chamäleon-Mann um eine Holde, setzt während dieser Zeit eine Beißhemmung bei ihm ein.

Unterscheiden kann man Männchen und Weibchen der Art übrigens gut: Fiddy hat einen Fersensporn, der den Weibchen fehlt und mit bis zu acht Zentimeter Höhe ist sein Helm (Fachleute sagen Paritalkamm dazu) deutlich größer als bei seinen Weibchen. Dazu zeigt sich Sanaa vorwiegend in hellgrünen und gelblichen Tönen, wogegen Fiddy auch schon einmal die volle Klaviatur auf dem Regenboden spielt. Ploetz: „Die Färbung dient der Tarnung, aber sie zeigt auch den Gemütszustand der Tiere an." Tarnung ist übrigens auch der eigentümliche Fortbewegungsstil: Das Schaukeln soll ein schwankendes Blatt im Wind imitieren, sagt Ploetz.

Geschlüpft 2008, war Sanaa, als sie 2009 ins Tropen-Aquarium kam, bereits ausgewachsen. Gerade als Jungtiere wachsen Jemen-Chamäleons, die bis zu 60 Zentimeter lang werden, extrem schnell und müssen sich deshalb sehr häufig häuten. Die Frequenz lässt später nach. Trotz ihrer Größe sind die Tiere nicht immer auf den ersten Blick zu sehen: „Tarnung halt", sagt Ploetz und lacht. Wenn man ihre Lieblingsplätze kenne und sich ein wenig Zeit nehme, würde man aber immer fündig, versichert der Tierpfleger.

Dabei sehen die Reptilien einen mit ihrem „Rundumblick" definitiv zuerst: Die Augen können um 360 Grad gedreht und unabhängig voneinander bewegt werden. So wird die Insektenbeute sicher entdeckt und mit der Klebezunge in den Mund transportiert. Für die extreme Sehschärfe hat die Evolution übrigens das Hörvermögen der Chamäleons vernachlässigt. Aber man kann ja nicht alles haben – auch nicht als besonderes Kriechtier.

JEMEN-CHAMÄLEON
Chamaeleo calyptratus

GESAMTLÄNGE
60 cm

LEBENSERWARTUNG
6–8 Jahre

GELEGE
30–40 Eier

BRUTDAUER
etwa 6 Monate
bei 28 Grad Celsius

NAHRUNG
Insekten

VERBREITUNG
Arabische Halbinsel

STANDORT
Afrikateil der
Tropenwelt

KINDLICHE AFFENLIEBE ERWEICHTE GERARDS VATERHERZ

KATTA

Wann ist der Mann ein Mann? Bei den Kattas am ehesten dann, wenn er reichlich für Nachwuchs sorgt, sich aber ansonsten bitte recht schön im Hintergrund hält. Es sind nämlich die Weibchen, die bei den grauen Halbaffen mit den auffälligen schwarz-weißen Ringelschwänzen das Sagen haben.

Wusste Gerard das schlicht nicht? Oder suchte er nur verzweifelt einen Verbündeten? Jedenfalls hat das Männchen etwas völlig Ungewöhnliches getan: Es hat seinen Sohn aufgezogen.

„Mangoki war fünf Wochen alt, als seine Mutter starb", erzählt Jörg Walter. Er ist Betriebshelfer im Tropen-Aquarium, wo eine Gruppe von elf der geselligen Tiere sozusagen das Empfangskomitee für die Besucher bildet. Jörg Walter verbringt fast den gesamten Tag bei den Tieren, die durch den direkten Zugang zu den Menschen unter Aufsicht sein müssen – zu ihrem Schutz, nicht zu dem der Besucher. Heimliches Füttern, Ziehen am Schwanz, eine Blitzlichtorgie ins Gesicht der Affen: Walter versucht, all dies zu verhindern. Er kennt die Tiere wie kaum ein anderer und ist deshalb auch besonders gerührt von dem, was sich zwischen Männchen Gerard und dem kleinen Mangoki 2010 ereignet hat.

„Es ist absolut erstaunlich, dass Gerard sich um das Baby gekümmert hat", erzählt er. Direkt nach dem Tod von Mutter Birne hätte er das gemeinsame Kind an sich genommen – und seitdem waren das Kind und er unzertrennlich. Was einerseits die Tierpfleger erfreute, brachte doch auch Probleme mit sich: Stillen konnte Gerard das Baby nun einmal nicht. Walter: „Wir mussten ihm Mangoki immer mit einem schnellen Griff vom Rücken nehmen, wenn wir den

Kleinen füttern wollten. Freiwillig hat er uns seinen Sohn nicht überlassen." So gab es sechs Monate lang Milch aus einer kleinen Plastikspritze für das Affenkind, das sich dabei an einen Plüschkatta klammerte. „Bei uns in der Hand war es vorher immer total unruhig gewesen, doch an dem Stofftier war es selig und hat sich aufs Trinken konzentriert", sagt Walter.

Jetzt tobt Mangoki längst mit seiner Halbschwester Betioki, den ein Jahr älteren Brüdern Hannes und Kasper und den jungen Männchen Obi, Wan und Kenobi herum. „Doch das besondere Verhältnis zu seinem Vater ist geblieben", sagt Walter. Gerard und er säßen häufiger zusammen. „Sie hängen regelrecht aneinander."

Kattas, eine Primatenart aus der Gruppe der Lemuren, kommen ausschließlich auf Madagaskar vor. Auch im gleichnamigen Zeichentrickfilm durften die bis 3,5 Kilogramm schweren und bis 46 Zentimeter langen Tiere nicht fehlen: zu unverwechselbar sind sie durch ihre bis zu 62 Zentimeter langen Ringelschwänze, die sie für die Balance auf Ästen brauchen, jedoch am Boden auch für die Kommunikation innerhalb der Gruppe. Senkrecht erhoben, beim Durchstreifen von hohem Gras, sieht so zum Beispiel jeder sofort, ob alle da sind und wohin das dominante Weibchen die Gruppe führt.

Im Tropen-Aquarium wäre das Weibchen Dicke. Sie ist die Chefin der Truppe und hat es als solche nicht nötig, sich mit Menschen abzugeben, sagt Walter. „Das zweite erwachsene Weibchen, Maske, ist dazu zu zurückhaltend, und auch Gerard hält Abstand von den Besuchern." So sind es die Halbstarken und die Jungtiere, die in den Aktivitätsphasen zwischen neun und zwölf Uhr und dann noch einmal zwischen 14 und 18 Uhr schon einmal die Köpfe von Besuchern als Sprungbrett nehmen. Zwischendurch fressen die Lemuren (frisches Buschwerk, Obst und Gemüse) oder schlafen, in Kattamanier eng aneinandergeschmiegt, die Schwänze akkurat über den Rücken gelegt.

Der Name Katta leitet sich übrigens von den katzenartigen Rufen der Tiere, der Begriff Lemur von Lemures, den römischen Totengeistern ab – bedingt durch die nächtliche Lebensweise vieler Katta-Verwandter. Jörg Walter sieht nichts Unheimliches in den Tieren: „Die Kattas sind furchtbar liebenswerte Tiere, sehr sozial und überhaupt nicht aggressiv." Wofür Gerard das allerbeste Beispiel ist.

KATTA
Lemur catta

GEWICHT
2,2–3,5 kg

RUMPF-LÄNGE
39–46 cm

SCHWANZLÄNGE
56–62 cm

LEBENSERWARTUNG
16–20 Jahre

TRAGZEIT
135 Tage

GEBURTSGEWICHT
70 g

NAHRUNG
Früchte, Blätter, Kleintiere

VERBREITUNG
Madagaskar

STANDORT
Madagaskar-Dorfplatz

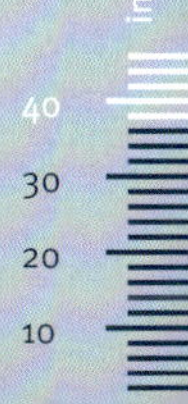

SIEHT MAN GENAU HIN, IST PIMBIE

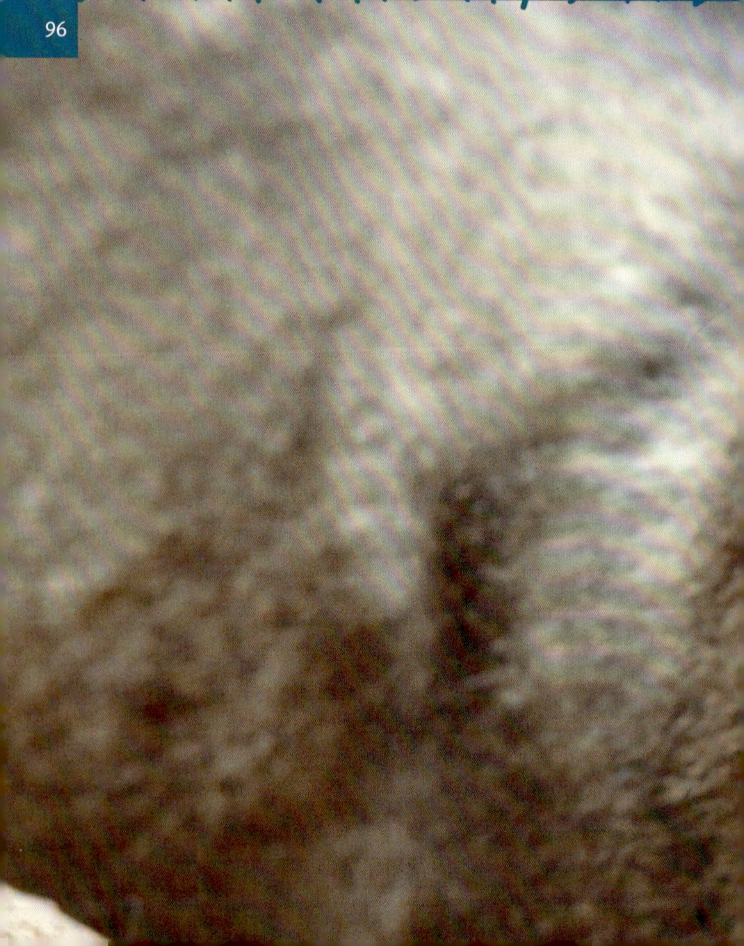

(FAST) EIN ELEFANT

KLIPPSCHLIEFER

Lange Rüssel, massige Körper, große Ohren. So sehen – richtig – Elefanten aus. Vielleicht, ganz vielleicht können fantasiebegabte Menschen beim Anblick einer Seekuh noch eine gewisse Ähnlichkeit zwischen ihr und einem Elefanten erkennen (grau, massig, Rüsselansatz, wenn auch ansonsten für den aquatischen Lebensraum umgebaut). Aber dann kommen die Biologen und bringen die Klippschliefer ins Spiel: als Elefantenverwandte!

Wenn Sie einem Klippschliefer bisher noch nicht begegnet sind: Es handelt sich um grau-beige behaarte Tiere mit schwarzen Knopfaugen, schwarzen Stupsnasen, kleinen runden Ohren und in etwa der Figur eines durchtrainierten Murmeltiers. Tatsächlich teilen sie sich mit den Afrikanischen Elefanten einen gemeinsamen Lebensraum, die Steppe. Doch hier bevorzugen Klippschliefer Felsspalten als Verstecke und flüchten bei Gefahr auch behände auf Bäume – etwas, wobei Elefanten bisher noch nicht beobachtet wurden.

Und doch sind Elefanten, Seekühe und Klippschliefer miteinander verwandt. Sie hatten gemeinsame Vorfahren, vor mehr als 80 Millionen Jahren. Ein Grund mehr, warum in Hagenbecks Tropenwelt ein Familienverband der tagaktiven Tiere beheimatet ist.

Pimbie, Jahrgang 2005, ist eines der erwachsenen Weibchen, das regelmäßig für Nachwuchs sorgt. „Die Klippschliefer vermehren sich bei uns gut, und da sie im Freiland Kolonien von bis zu 50 Tieren bilden, müssen wir uns da wohl bald mal etwas überlegen“, sagt Zootierarzt Dr. Michael Flügger.

So gelassen und träge Pimbie nämlich scheint, so schnell kann sie, nach einem durchdringenden Warnpfiff für den Rest der Truppe, in einer Felsspalte verschwunden sein. Flügger: „Einige Felsen sind hohl. Da kommen wir nicht hinterher.“ Schwierige Voraussetzungen, wenn man ein Tier herausholen will. Und das muss sein, wenn ein junges Männchen geschlechtsreif wird und es zu Revierkämpfen kommt.

Ihr felsiges Gehege teilen sich die Klippschliefer, die in Afrika auch Dassies oder Pimbies genannt werden, mit den Schildechsen und den Blauschwanz-Skinken. Ein kleiner Bachlauf hindert sie an Expeditionen in die große Halle. Klippschliefer hassen Wasser. Dafür lieben sie die Sonne, in welche sie, durch eine extrem verengbare Iris, stundenlang starren können.

Alles andere als langweilig also, die Pflanzenfresser mit den Schweißfüßen (über Fußpolster und Rückendrüse werden Sekrete ausgeschieden). Auch wenn man ihnen den Elefanten nicht ansieht.

KLIPPSCHLIEFER
Procavia capensis

GESAMTLÄNGE
55 cm

GEWICHT
4,5 kg

LEBENSERWARTUNG
11 Jahre

TRAGZEIT
225 Tage

WURFGRÖSSE
2–3 Jungtiere

NAHRUNG
Pflanzen

VERBREITUNG
Afrika

BESONDERHEITEN
Die nächsten Verwandten sind Elefanten und Seekühe

STANDORT
Fels-Savanne in der Tropenwelt

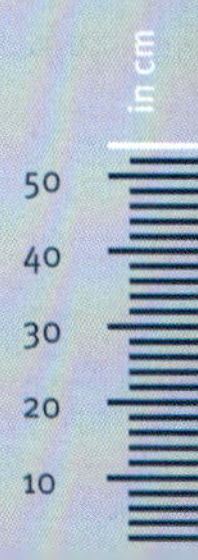

KÖNIGSKOBRA

KÖNIGSKOBRA SHIVA HAT ARTGENOSSEN ZUM FRESSEN GERN

Wo fängt bei einer Schlange eigentlich der Schwanz an? Gleich hinter dem Kopf? Wenn ich darüber nachdenke, habe ich meiner Mutter diese auf der Hand liegende Frage als Kind komischerweise nie gestellt. Sicherlich sehr zu ihrer Erleichterung, denn auch wenn sie einmal todesmutig bei einer Wildtier-Präsentation eine Boa gestreichelt hat, damit sich ihre damals noch recht kleine Tochter keine Phobie abguckt, hat meine Mutter doch bis heute eine gute Portion Abneigung allen Reptilien gegenüber beibehalten. Somit geht sie auch an Shiva, der Königskobra im Schlangendorf von Hagenbecks Tropen-Aquarium, immer eiligen Schrittes vorbei. Was definitiv ein Fehler ist: Gibt es zu der größten Giftschlange der Welt doch viel Spannendes zu sagen.

„Wussten Sie zum Beispiel, dass Königkobras fast ausschließlich andere Schlangen fressen?", fragt Guido Westhoff. Der Gattungsname *Ophiophagus* (griechisch für schlangenfressend) deutet bereits darauf hin. Und so ist auch klar, warum Shiva sein Gehege nicht mit anderen Schlangen teilt.

Bereits als erwachsenes Tier kam das 1996 aus dem Ei geschlüpfte Männchen, das in den USA nachgezogen worden war, über einen Zoo in Schweden 2007 nach Hamburg. Das hatte den großen Vorteil, dass Shiva bereits daran gewöhnt worden war, Ratten zu fressen. Auf etwa vier Meter Länge schätzt Westhoff das Reptil, das gern in dekorativen Windungen auf der Rikscha in seinem Gehege Siesta hält. Das Vehikel ist eine Anspielung auf die asiatische Heimat der Königskobra – und wurde von den Pflegern mit einem kleinen Trick zum garantierten Lieblingsplatz der Schlange umfunktioniert: In der Sitzbank ist eine Heizung versteckt.

Mit dokumentierten fünf Meter Körperlänge kommt keine andere Giftschlange an die Königskobra heran. Doch nicht allein das macht sie so gefährlich. Königskobras sind die einzigen Schlangen, die sich aufgerichtet fortbewegen können. Bei jedem Biss injiziert die Schlange ein Vielfaches der tödlichen Dosis ihres Nervengiftes, das, wird der Gebissene nicht umgehend behandelt, zur Atemlähmung führt. Allerdings gelten die überwiegend waldbewohnenden Königskobras im Freiland als wenig aggressiv – eine Beobachtung, die Westhoff bei Shiva nicht teilen kann: „Wenn wir zum Füttern oder Saubermachen ins Gehege kommen, stürmt er manchmal regelrecht auf uns zu, lässt ein tiefes Fauchen hören und beißt in den Schlangenhaken. Daran sieht man dann das Gift herunterlaufen.“ Zu den Sicherheitsvorkehrungen der Pfleger gehört deshalb im Umgang mit den Giftschlangen (neben Shiva noch Grüne Mambas, Gabunvipern und verschiedene Klapperschlangenarten) unter anderem immer die Anwesenheit einer zweiten Person.

Die Anwesenheit einer zweiten der hellbraunen, olivbraunen und sogar bis schwarzen Schlangen fände Westhoff mindestens genauso erstrebenswert: „Ich würde schon gern zusätzlich ein Weibchen halten, denn Königskobras sind die einzigen Schlangen, die ein Nest bauen und aktiv Brutpflege betreiben.“ 20 bis 40 Eier legen Weibchen. Jungtiere schlüpfen mit einem halben Meter Länge.

Und wie war das jetzt mit dem Schwanz? „Ganz einfach“, erklärt der Biologe. „Alles, was bei einer Schlange hinter dem After kommt, ist Schwanz. Das kann man auch an einer veränderten Beschuppung erkennen.“

KÖNIGSKOBRA
Ophiophagus hannah

GESAMTLÄNGE
5 m

GELEGE
20–40 Eier

LÄNGE BEI SCHLUPF
50 cm

NAHRUNG
Schlangen
Echsen

VERBREITUNG
Südostasien

BESONDERHEITEN
Baut als einzige Schlange ein Nest wie ein Vogel und bewacht es

STANDORT
Giftschlangendorf

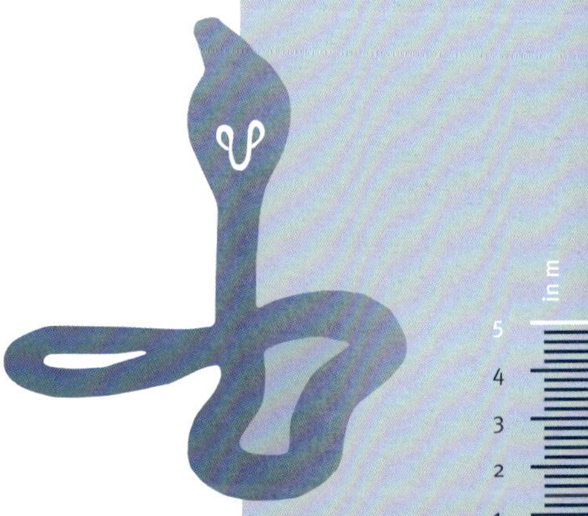

HERR BRAUN IST DER HAND-SCHMEICHLER VOM DIENST

KORNNATTER

Löwe oder Tiger, Krokodil oder Hai – das Anfassen von Zootieren ist nur in wenigen Fällen erlaubt. Zu Recht! Weder sollen (und wollen) Besucher Hand oder Leben im Tierpark lassen, noch sollen die Tiere leiden. Unter Krankheiten, Parfüms und Eiscreme, die von den Menschen auf die Tiere „abgestreichelt“ werden. Herr Braun ist da anders. Er ist der Berufs-Handschmeichler des Tierparks, sozusagen. Allerdings rein im Dienst der Lehre.

Herr Braun ist eine Kornnatter und eines von vier Tieren der Zooschule im Tierpark Hagenbeck. Nicht, dass er hier Rechnen und Rolle rückwärts lernen soll, wie Besucher gern beim Begriff Zooschule denken. Die Einrichtung des Landesinstituts für Lehrerbildung und Schulentwicklung bietet für Schulklassen, aber auch für Privatgruppen Führungen durch den Tierpark an, um Einblicke in das tierische Leben und Verhalten zu geben.

„Warm oder kalt, feucht oder trocken, rau oder glatt – wie wird sich die Schlange anfühlen?“ Keike Johannsen und ihr Team wissen, dass Schlangen nur bei wenigen Menschen ein Kuscheltier-Image haben, und wollen mit dem

Mythos von eklig-glitschig-kalt aufräumen. „Das“, sagt die Zoopädagogin, „geht am besten, wenn man die Tiere richtig begreift.“

Das tun die meisten Schüler nur zu gern, wenn auch teils mit gehörigem Respekt. Herr Braun nimmt es ebenso wie sein Artgenosse Korni gelassen, aus dem Terrarium gehoben und von vielen kleinen Händen vorsichtig angefasst zu werden. „Beide Schlangen sind die Handhabung von Anfang an gewohnt gewesen und bleiben dabei vollkommen ruhig“, sagt Keike Johannsen. Wichtig dabei sei, dass die Grundregeln, wie man eine Schlange hält, eingehalten würden, doch darin seien sie von den Tierpflegern des Tropen-Aquariums geschult worden. Und dass sie bei den beiden Kornnattern das strikte „Auftrittsverbot“ einhalten: Immer kurz vor und während der Häutung und zwei bis drei Tage nach jeder Fütterung – „sonst würgen die Schlangen im schlimmsten Fall ihre Mäuse wieder hervor“, sagt Johannsen. Und das möchte wirklich keiner.

Kornnattern sind ungiftige, mit bis zu 150 Zentimeter Körperlänge mittelgroße Schlangen aus Nordamerika. Dass sie ausgesprochen gute Kletterer sind, die so im Freiland Vogelnester in Bäumen plündern, hat Herr Braun bereits bewiesen. „Wir füttern die Schlangen einzeln, alle zwei bis drei Wochen, in einer speziellen Futterbox. Anfänglich hatten wir auf diese zur Abdeckung nur ein Handtuch gelegt …“, erzählt Keike Johannsen. Herr Braun, noch jugendlich, 90 Zentimeter lang und durchaus wendig, nutzte die Gunst der Stunde – und war schon fast hinter dem Fotokopierer verschwunden, als ihn einer der Zoopädagogen entdeckte und ins Terrarium zurückbrachte.

Im Umgang mit den Kindern hat sich das wildfarbene, braun-graue Männchen, das sich deutlich von der rötlich-gelben Farbvariante Kornis unterscheidet (Johannsen: „Zwei Männchen, denn wir wollen keinen Nachwuchs“), bisher tadellos verhalten. Beißen können allerdings auch Würgeschlangen wie die Kornnattern.

Kalt und nass sind sie hingegen nicht – ganz im Gegenteil, lernen die Schüler mithilfe von Herrn Braun. Und auch dass er durch seine gespaltene Zunge „Richtungsriechen“ kann, wie Keike Johannsen sagt. Für Schlangen, die nicht hören können, eine wichtige Fähigkeit beim Aufspüren der Beute. Diese besteht in der Zooschule übrigens aus Mäusen, die tot verfüttert werden.

Während Herr Braun seinen Namen seiner Färbung zu verdanken hat, ist die Bezeichnung Kornnatter wahrscheinlich auf den bevorzugten Lebensraum der Schlangen zurückzuführen. Diese machen mit Vorliebe auf Getreidefeldern und in Kornspeichern Jagd auf Nagetiere.

Doch auch hinter Kopierern findet man sie, gelegentlich.

KORNNATTER
Pantherophis guttatus

GESAMTLÄNGE
1,20–1,50 m

GEWICHT
200–800 g

GELEGE
8–20 Eier

BRUTDAUER
60–80 Tage

SCHLUPFLÄNGE
20–30 cm

SCHLUPFGEWICHT
10 g

NAHRUNG
kleine Säuger
Reptilien
Amphibien
Vögel

VERBREITUNG
Nordamerika

STANDORT
Zooschule

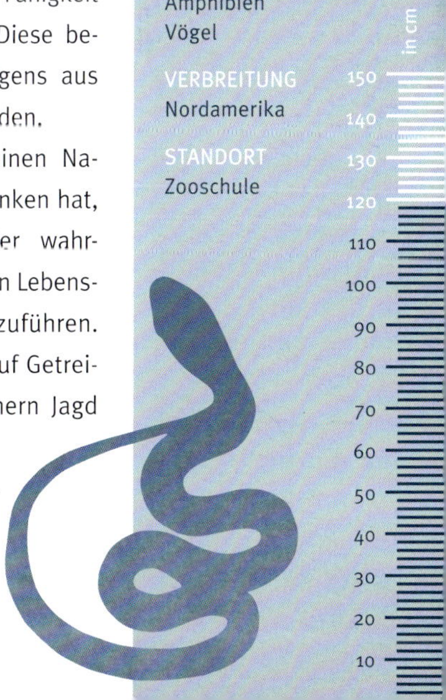

AUCH EIN COMICZEICHNER HÄTTE PIEKS NICHT BESSER HINBEKOMMEN

LANGSTACHEL-IGELFISCH

Ich weiß nicht, was Sie so über die Schöpfungsgeschichte denken. Mindestens einmal im Jahr, meistens kurz vor Weihnachten, macht man sich ja gern einmal seine Gedanken dazu. Als Biologin evangelischen Glaubens habe ich mir meine ganz persönliche Theorie gezimmert, die zwar eine naturwissenschaftliche Schlagseite hat, jedoch die Existenz eines Gottes durchaus mit einbezieht. Und ohne jetzt zu sehr in die Tiefe gehen zu wollen, bin ich von einer Sache fest überzeugt: Als Gott die Kugelfische schuf, hatte er einen verdammt guten Tag.

Pieks ist das lebende Beispiel dafür. Der Langstachel-Igelfisch, der zur Ordnung der Kugelfischverwandten zählt, ist eine der skurrilsten Kreaturen, die in Hagenbecks Tropen-Aquarium zu finden sind. Mit seinen riesigen Augen, der kantigen Körperform, einer Schwimmweise, die an eines dieser Plastik-Aufziehtiere für die Badewanne erinnert, und vor allem seiner Fähigkeit, sich bei Störung oder Gefahr zu einer stacheligen Kugel aufzublasen, hätte ihn kein Comiczeichner besser ersinnen können. Kein Wunder, dass es ein Kugelfisch zum heimlichen Star in „Findet Nemo“ brachte: Der dauernervöse Puff musste sich dort immer Fahrstuhlmusik vorsummen, um nicht schon wieder zu explodieren.

Welche Taktik Pieks anwendet, ist bisher nicht bekannt. „Aber wir werden viel gefragt, ob er sich denn schon aufgebläht habe“, sagt Tierpflegerin Heidi Rohr. Tatsächlich hat sie dieses Verhalten, bei dem die Stacheln der Tiere aufgestellt werden und sie mit dem vergrößerten Körpervolumen auch nur noch von recht großen Fischen zu schlucken sind, erst ein einziges Mal bei Pieks beobachtet. „Während alle

Besucher davon total begeistert waren, habe ich mich nur gefragt, was ihn so gestresst hat", sagt Rohr. Herausgefunden hat sie es nicht, und seitdem hat Pieks auch keine großen Wassermengen mehr in sich hineingepresst.

Seit 2007 lebt der Fisch, von dem die Tierpfleger nicht sagen können, ob es sich um ein Männchen oder ein Weibchen handelt, schon in Hamburg. Lange Zeit hatte er in Drückerfisch Picasso einen engen Freund gefunden – die beiden zogen unzertrennlich nebeneinander ihre Bahnen in dem Becken, das sie unter anderem mit den Bambushaien teilen. Doch plötzlich war alles anders: Da kam Stachel, ein zweiter Langstachel-Igelfisch. Mit zehn Zentimetern gerade einmal halb so groß wie Pieks, hängte sich der schüchterne Neuzugang umgehend an seinen großen Verwandten. Seitdem gibt es sie nur noch im Doppelpack.

Langstachel-Igelfische leben vor den Küsten des Indopazifiks, Ost- und Westatlantiks. Dort bewohnen die bis zu 50 Zentimeter großen Tiere Korallenriffe. Sie ernähren sich vorwiegend von kleinen, im Meeresboden versteckten Schalentieren, die sie durch kräftiges Pusten freilegen. Mit ihren Zahnplatten im Mund und einer extrem kräftigen Kiefermuskulatur knacken sie die Schalen – ein Grund, warum Heidi Rohr immer gut auf ihre Finger aufpasst, wenn sie Pieks aus der Hand füttert.

Der liebt besonders „Garnelen mit Kopf", sagt die Tierpflegerin. „Dann kommt er sofort angeflitzt." Wobei flitzen bei Igelfischen relativ ist: Eigentlich zeichnen sie sich auch durch ihre langsame Schwimmweise aus. Sie selbst zu verzehren ist einigen Menschen bereits zum Verhängnis geworden: Viele Kugelfischartige sind für ihr starkes Nervengift, das Tetrodotoxin, berühmt-berüchtigt, und so gibt es in Japan extra ausgebildete Köche, außer denen in guten Restaurants niemand Kugelfisch zubereiten darf.

Im Freiland sind Igelfische sehr gefährdet, da sie als Attraktion für Touristen gefangen werden. Präpariert und aufgeblasen findet man sie in Hafenspelunken und auf Märkten – angeblich verdienen viele einheimische Fischer in den Touristenländern damit mehr Geld als mit der Fischerei.

Pieks hat dieses Schicksal nicht zu fürchten und zeigt sich äußerst neugierig und zutraulich gegenüber Besuchern. Besonders an der rechten Seite des halbrunden Beckens ist er häufig zu sehen. Nur gen Abend kann es sein, dass er sich plötzlich verzieht. „Er schläft in einer der kleinen Mördermuschel-Schalen, die am Grund des Beckens liegen", verrät Heidi Rohr.

Hier ruht er dann, diese Laune der Schöpfung, wie in Abrahams Schoß.

LANGSTACHEL-IGELFISCH
Diodon holacanthus

KÖRPERLÄNGE
50 cm

VERBREITUNG
Indopazifik, tropischer und subtropischer Atlantik

NAHRUNG
Schnecken, Muscheln, Seeigel, Krebstiere

BESONDERHEITEN
Igelfische können sich bei Gefahr wie Kugelfische aufblasen, dabei stellen sich die Stacheln auf. Die Tiere haben dann ein Vielfaches ihres eigentlichen Körperumfangs

STANDORT
Tropen-Lagune

SERGEANT PEPPER, DER FISCHGEWORDENE DROGENRAUSCH

LSD-MANDARINFISCH

Ich sehe bunte Farben! Kringel! Blasen! Sie schweben sanft dahin – muss wohl am LSD liegen. Nicht, was Sie denken: am LSD-Mandarinfisch namens Sergeant Pepper, der wie ein fischgewordener Drogenrausch die Besucher in Hagenbecks Tropen-Aquarium in andere Sphären versetzt.

John Lennon hätte seinen Spaß an dem Kerlchen gehabt, da der legendäre Musiker LSD generell doch nicht abgeneigt gewesen sein soll. Und seine Frau Yoko hätte sich wahrscheinlich ein Kleid aus dem Muster der zu den Leierfischen zählenden Art schneidern lassen. „Er hat wirklich spektakuläre Farben und sehr witzige Punkte", sagt Florian Ploetz. Der Tierpfleger hat ein Auge auf den exotischen Fisch in der „Schatzkammer" des Tropen-Aquariums – besonders seit Sergeant Peppers Frau Lucy gestorben ist.

Als die beiden Tiere nach Hamburg kamen, informierte sich Ploetz umgehend über die Herkunft des Namens. „Ich habe keine andere Erklärung als die auf die Droge LSD gefunden", sagt er. Mit der ja übrigens, entgegen allen Unkenrufen, die Abkürzung des Beatles-Songs „Lucy In The Sky With Diamonds" so gar nichts zu tun haben soll. Dennoch bekamen die beiden Fische hierdurch ihre Namen verpasst – auch weil die

Kostüme der Pilzköpfe auf dem Cover des „St. Pepper's Lonely Hearts Club Band"-Albums qietschbunt sind.

LSD-Mandarinfische leben in Lagunen und flachen, geschützten Korallenriffen im tropischen Westpazifik. Sie werden sechs Zentimeter lang, haben einen lang gestreckten, schuppenlosen Körper und einen merkwürdig kantigen Kopf, der in einem kleinen, zugespitzten Maul endet.

Die Riffbewohner haben sich bezüglich ihrer Nahrung auf Kleinstlebewesen spezialisiert, die sie in den oberen Bodenschichten und auf Steinen finden. Dafür haben sie sehr große Bauchflossen, die weit auseinanderstehen und die sie als Stützen nutzen können, wenn sie auf dem Boden ruhen. Ihre spezielle Nahrungsvorliebe macht Aquarianern nicht wirklich Freude. „Es macht immer Probleme, Mandarinfische an Frostfutter zu gewöhnen", sagt Ploetz. Deshalb sei es am besten, die Fische in etablierte Becken zu setzen, da diese bereits eine gute Mikrofauna entwickelt hätten, an denen sich die Tiere laben können.

Sergeant Pepper hat sich mit dem Frostfutter angefreundet. Mit vier bis fünf Zentimetern Körperlänge sei das Männchen noch nicht ausgewachsen, sagt Ploetz. Dass es ein Männchen ist, sieht man übrigens nicht an den Farben, sondern an der größeren ersten Rückenflosse. Seit Weibchen Lucy starb, lebt Seargent Pepper mit zwei Dekorschwertgrundeln, zwei Kanarien-Lippfischen und einem Zwerglippfisch in einem Aquarium. „Die tun sich untereinander nichts – Leierfische sind nicht aggressiv gegenüber anderen Tieren, weil sie sich fast nur am Boden aufhalten und damit nicht mit frei schwimmenden Arten in Berührung kommen", sagt Ploetz. Zwei männliche LSD-Mandarinfische könne man jedoch nicht gemeinsam in einem Becken halten – diese bekämpften sich bis zum Tod.

Doch Hagenbeck sucht kein Männchen, sondern ein Weibchen dieser schwimmenden Prilblumen. Ploetz: „Auch wenn die Larvenaufzucht schwierig ist, weil man dafür dann ja noch kleineres Futter braucht."

Das Team des Tropen-Aquariums würde das in Kauf nehmen, doch dazu braucht man erst einmal einen Ersatz für Lucy. Um dann auch wieder das tolle Balzverhalten der Leierfische sehen zu können: „Die Fischpaare schwimmen dabei zur Wasseroberfläche, drehen sich umeinander herum und präsentieren ihre Farben und Flossen. Wie ein fantasievoller Tanz!"

Fantasievoller Tanz hin, Drogenrausch her: LSD-Mandarinfische gehören auch nüchtern betrachtet zu den auffälligsten Fischen. Und sollte Sie jemand auf den ungewöhnlichen Namen ansprechen, zitieren Sie doch John Lennon: „Ich schwöre bei Gott oder Mao oder bei wem auch immer Sie wollen, dass ich keine Ahnung hatte, dass man ‚Lucy In The Sky With Diamonds' LSD abkürzen kann."

LSD-MANDARIN-FISCH
Pterosynchiropus picturatus

KÖRPERLÄNGE
8 cm

VERBREITUNG
Australien
Indonesien
Philippinen

NAHRUNG
Krebstiere
Plattwürmer

BESONDERHEITEN
beliebt bei Unterwasserfotografen

STANDORT
Schatzkammer

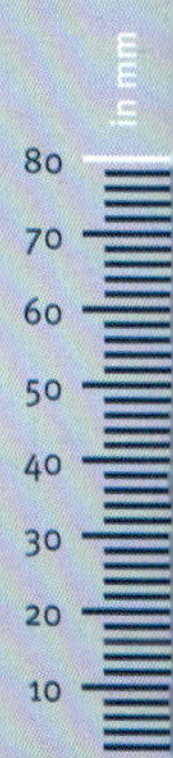

WILLY HAT KEINE ANGST VORM SCHWARZEN MANN

MADAGASKAR-
RIESENFAUCHSCHABE

So sehen also Wesen aus, die die Weltherrschaft übernehmen wollen. Platz für besonders viel Hirnmasse scheint dafür nicht nötig zu sein... Aber, ganz ehrlich: Vielleicht schadet die bei einem solchen Vorhaben auch nur. Und bisher hat der Coup ja auch noch nicht geklappt, auch wenn einige Menschen behaupten, die Schaben seien uns längst überlegen. Willy ist eine solche, und noch dazu ein besonders großes Exemplar: Er ist eine Madagaskar-Riesenfauchschabe.

Frank Wolf ist überzeugt davon, dass uns die Insekten einiges voraushaben: „Nach den Atombombentests auf dem Bikini-Atoll sind sie als Erste, neben den Ratten, wieder aufgetaucht. Und haben sich fröhlich weitervermehrt, ohne erkennbare Schäden im Erbgut." Der Tierpfleger schätzt die rotbraun glänzenden Tiere jedoch nicht nur deshalb: „Ich finde sie einfach interessant, auch wenn die meisten unserer Besucher bei ihrem Anblick ein ‚Igitt!' ausstoßen. Dabei liegt Schönheit doch immer im Auge des Betrachters."

Wie der Name schon sagt, leben Madagaskar-Riesenfauchschaben als eine von mehreren ähnlichen Arten auf der Insel Madagaskar vor der Ostküste Afrikas. Dort bevölkern die bis zu sechs Zentimeter langen Insekten den tropischen Regenwald – weshalb Frank Wolf es niemals erleben möchte, dass die Tiere im Tropen-Aquarium ausbüxen: „Die würden sich bei den vielen Pflanzen in der großen Halle richtig wohlfühlen."

Bisher haben die 20 Exemplare, die in einem alten Ofen gegenüber den Giftschlangen leben, jedoch noch keinen Ausbruchversuch gestartet, seit sie Mitte November 2011 im Alter von neun bis zwölf Monaten in den Hamburger Tierpark kamen – und damit gerade ausgewachsen waren.

Etwas zulegen können sie aber immer noch bei den nächsten Häutungen, wie Willy zeigt: Seine beiden Höcker auf dem Halsschild, an denen man männliche von weiblichen Riesenfauchschaben unterscheiden kann, könnten noch ein wenig größer werden. Wobei der Halsschild bei den Insekten das sei, was die meisten Menschen für den Kopf hielten, verrät Wolf: „Aber der Kopf verbirgt sich unter dem Halsschild."

Madagaskar-Riesenfauchschaben sind flügellos, nachtaktiv und reine Vegetarier. „Wir füttern sie nur mit Gemüse und Salat und nicht mit Obst, da sie bei zu zuckerreicher Kost gesundheitliche Probleme bekommen", sagt Frank

Wolf. Dass die Weibchen derzeit deutlich an Umfang zunehmen, liegt also nicht an einer ungeeigneten Diät, sondern daran, dass Nachwuchs im Ofen anstehen könnte, sagt der Tierpfleger: „Riesenfauchschaben legen nicht wie andere Arten Eipakete ab, sondern brüten diese im Körper aus, sind also lebendgebärend.“ 30 bis 40 Jungtiere schlüpfen nach etwa 50 bis 60 Tagen.

Nachwuchs von Willy? Einen würde das sicherlich nicht freuen, und von dem hat das Männchen auch seinen Namen: Will Smith, der im Kinohit „Men In Black“ als Agent J. gegen eine Riesenschabe kämpfte. Willy hingegen zeigte sich bisher generell furchtlos. Kann das Insekt doch durch das Zusammenziehen des Hinterleibs Luft aus seinen Atemöffnungen strömen lassen, was ein recht lautes Fauchen erzeugt. Dieses gab den Fauchschaben ihren Namen, schreckt (Fress-) Feinde ab – und sicherlich auch schwarze Männer. Sollten die je in Stellingen auftauchen.

MADAGASKAR RIESENFAUCHSCHABE
Gromphadorrhina portentosa

GRÖSSE
Männchen: 6 mm
Weibchen: 5,5 mm

LEBENSERWARTUNG
3 Jahre

GELEGE
30–40 Eier

BRUTDAUER
50–60 Tage

BESONDERHEITEN
Die Weibchen verbergen das Eipaket in ihrem Brutsack im Inneren des Körpers

NAHRUNG
Gemüse, Fleisch, Früchte, Blätter, Rinde

VERBREITUNG
Madagaskar

STANDORT
Kartoffelkiste im Giftschlangendorf

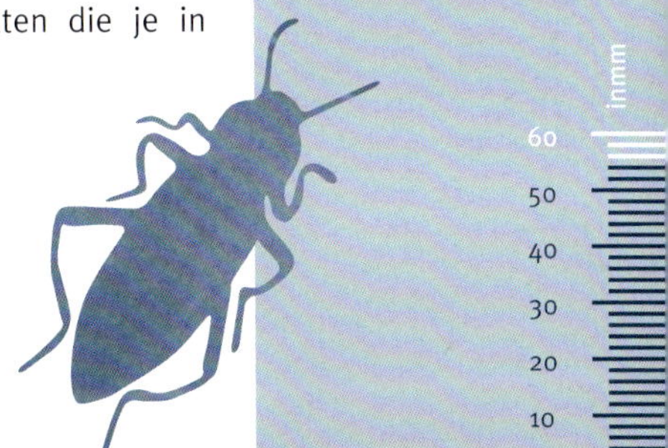

BEI GEFAHR UND FÜR DIE LIEBE GEHT SARAH INS WASSER

NAPOLEON-LIPPFISCH

Bonaparte, ein Großer? Der französische Feldherr war es, historisch gesehen, sicherlich. Rein körperlich jedoch, auch das ist bekannt, eher weniger. Wofür der neue Bonaparte aus Stellingen einst im Gedächtnis bleiben wird, ist abzuwarten – immerhin heißt es, dass er eine Körperlänge von 2,30 Metern erreichen kann. Damit ist der Napoleon-Lippfisch neben einigen Zackenbarscharten einer der größten Korallenfische der Welt. Und Bonaparte schon jetzt eine echte Persönlichkeit.

Am 28. Februar 2011 kam der Lippfisch von einem Fischhändler aus Australien nach Hamburg, erzählt Guido Westhoff. „Und obwohl wir von dem Händler genau wussten, was er dort immer gefressen hatte, und wir ihm das auch hier angeboten haben, hat er die ersten 14 Tage erst einmal jegliche Nahrung verweigert." Nach täglichen Telefonaten mit Australien blieb nur der Gang zum Delikatesshändler: Die teuersten Krabben mussten her. Und siehe da: Monsieur ließ es sich schmecken. „Von da an hat Bonaparte die Scheu vor uns verloren."

Von dem eigenen Swimmingpool mit 10 000 Liter Wasser, in dem er bis dahin die erste Eingewöhnungsphase verbracht hatte, ging es nun in die sogenannte Hai-Quarantäne: ein Abteil neben dem großen Hai-Atoll, das nur durch ein Gitter von diesem abgetrennt ist. Als sich Bonaparte auch hier eingelebt hatte, durfte er schließlich nach vier Wochen in sein neues Zuhause einziehen. Zu den Haien – und zu Zackenbarsch Zorro. Doch dem gefiel der Neue gar nicht. Bisher der unumstrittene Platzhirsch, sah sich Zorro plötzlich mit ernst zu nehmender Konkurrenz konfrontiert. Während die Haie nur neugierig guckten, dann jedoch wieder ihre Bahnen schwammen, gingen Zorro und Bonaparte aufeinander los. Und dabei hat Zorro Bonaparte ordentlich in die Flossen gebissen.

Im natürlichen Lebensraum der Napoleon-Lippfische, dem Indopazifik, haben die zu den Barschartigen zählenden Fische ausgewachsen eigentlich nur einen zu fürchten: den Menschen. Napoleon-Lippfische gelten als Delikatesse, zum Beispiel für Sushi. Da werden schon einmal 150 US-Dollar gezahlt – für ein Kilogramm Fisch. Da kommt für einen ganzen Fisch eine stolze Summe zusammen, können die Tiere doch bis zu 190 Kilogramm schwer werden.

Kein Wunder, dass Napoleon-Lippfische auf der Roten Liste der vom Aussterben bedrohten Arten stehen. Erstaunlicherweise verhalten sie sich Tauchern gegenüber jedoch immer noch äußerst zutraulich, berichtet Westhoff: „Sie kommen sofort neugierig näher. Allerdings machen sich das einige Menschen zunutze und füttern sie, auch mal mit gekochten Eiern. Das bekommt den Tieren überhaupt nicht – viele verenden daran."

Die Raubfische mit den dick aufgeworfenen Lippen und den auffälligen Kopfbuckeln ernähren sich von kleinen Fischen, hauptsächlich aber von Muscheln und Krebsen. „Die zerknacken mit ihrem kräftigen Gebiss einfach alles." Auf Jagd gehen die Einzelgänger dabei tagsüber; nachts schlafen sie versteckt zwischen den Korallen. Dabei hilft ihnen ihre grünlich-bläuliche Färbung bei der Tarnung. Westhoff: „Je älter Napoleon-Lippfische werden, desto schöner werden sie."

Bonaparte mit seiner Körperlänge von gut 1,20 Metern schätzt der Aquariumsleiter mindestens auf Jahrgang 1995.

Bei guter Haltung können Napoleon-Lippfische 30 Jahre und älter werden. Und einer guten Haltung steht derzeit nichts mehr im Wege – seit Zorro kurzfristig die Segel streichen musste. Als ihn Guido Westhoff für kurze Zeit aus dem Becken nehmen musste, hatte Bonaparte ausreichend Zeit, das Terrain für sich zu erkunden – und zu übernehmen. Als Zorro dann zurückkam, waren die Fronten geklärt. Heute geht es zwischen den beiden Schwergewichten weitaus ruhiger zu.

Bonaparte ist sogar so entspannt, dass er sich morgens gern an der großen Scheibe niedersinken und von den Putzerfischen im Becken putzen lässt. Nachmittags hingegen, verkrümelt er sich gern auch einmal in eine der dunklen Ecken des Hai-Atolls. Was er da ausheckt, ist nicht überliefert.

NAPOLEON-LIPPFISCH
Cheilinus undulatus

GEWICHT
190 kg

KÖRPERLÄNGE
2,30 m

VERBREITUNG
Indopazifik
Rotes Meer

NAHRUNG
Fische
Mollusken
Krustentiere

GEFÄHRDUNG
gefährdet

BESONDERHEITEN
Er ist einer der wenigen Raubfische, der auch giftige Arten verzehren kann

STANDORT
großes Hai-Atoll

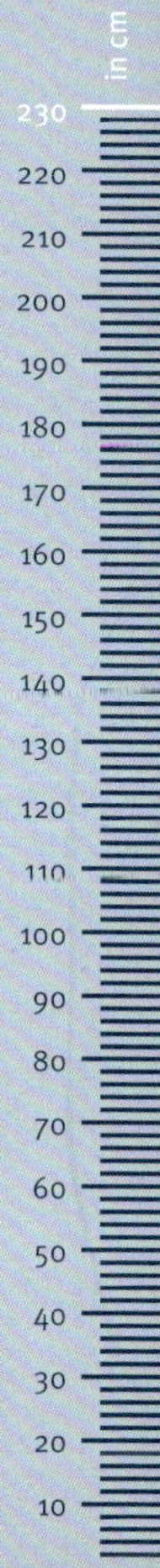

RHAYA, KÖNIG DES KROKODILSEES

NILKROKODIL

Zuerst sieht man viele kleine bunte Fische. Dann, plötzlich, stockt der Atem: Der komisch geformte Ast, der da ins Wasser ragt, ist gar keiner! Es ist ein gepanzerter Schwanz, und hebt man den Blick über die Wasserlinie, hängt ein ganzes Krokodil daran. 3,20 Meter urtümliche Kraft, zahnbewehrt, unbewegt. Es ist Rhaya: Das Chef-Reptil in Hagenbecks Tropen-Aquarium.

Seit Öffnung des Hauses 2007 zählen die vier Nilkrokodile zu den absoluten Publikumslieblingen. Wie oft hatten gerade Kinder in den Jahren davor nach den großen Echsen im Hamburger Tierpark gesucht! Heute können auch große Besucher den Blick kaum abwenden, hingerissen zwischen Faszination und wohligem Schauer, wenn sie Rhaya und seine drei Damen Audrey, Vicky und Mangrovia ins Wasser des Krokodilsees gleiten sehen. Aufpassen müssen vor allem die Fisch-Mitbewohner der räuberischen Reptilien: die Barsche und Tilapien. Für die stehen die Krokodile schon mal in Warteschleife.

Nicht, dass die vier Krokodile, die im Mai 2007 als Jugendliche aus Frankreich nach Hamburg kamen, nicht ausreichend gefüttert würden. „Dreimal pro Woche gibt es bei einer Show-Fütterung, bei der die Tiere auch aus dem Wasser schnellen müssen, je zwei Fische pro Tier. Alle drei Wochen gibt es außerdem eine Fütterung, die der reinen Nahrungsaufnahme dient. Dabei füttern wir Ratten und Kaninchen", erzählt Guido Westhoff. Insgesamt 3000 Zähne kann ein Nilkrokodil in die Beute schlagen – insgesamt, über sein Leben verteilt, da ihm ausgefallene Zähne nachwachsen.

Rhaya wird von Westhoff als ruhiger Charakter beschrieben – und als „ziemlich schlau". Geschlüpft 1995 war er bei seiner Ankunft in Hamburg gerade aus der Pubertät heraus – „und hat das seitdem auch ordentlich gezeigt", berichtet der Biologe. Wirbt ein Nilkrokodil-Männchen um ein Weibchen, blubbert es so lange Luftblasen um seine Auserwählte herum, bis sie sich wie in einem Whirlpool vorkommen muss. Das Resultat in Hamburg: Ein Weibchen legte sechs Eier im Sand ab, zwei kleine Krokos schlüpften. Westhoff: „Damit hatten wir nicht gerechnet. Aber es spricht für unsere Haltung." In freier Wildbahn bewachen die Weibchen ihre Jungen zwei Jahre lang – dennoch passiert in 80 Prozent der Fälle

das, was bei Hagenbeck passierte: Ein erwachsenes Krokodil fraß die Jungen. Jäger oder Gejagter? Auch das ist Natur.

Etwas anderes jedoch hatte die gewaltigen Echsen, die bis zu sieben Meter Länge erreichen können, bereits an den Rand des Aussterbens geführt: die Krokoleder-Mode. Ein umfassender Schutz ließ die Population in Seen und Flüssen Afrikas wieder anwachsen. Doch zu sicher sollten sich die Reptilien dennoch nicht fühlen, wie eines einmal im weltberühmten Serengeti-Nationalpark in Tansania zu spüren bekam: Als es dreist über die Rücken einer Gruppe im Fluss ruhender Flusspferde hinwegmarschieren wollte, bezahlte es das mit seinem Leben.

Rhaya hingegen hat höchstens die Zickereien seiner Weibchen zu fürchten.

NILKROKODIL
Crocodylus niloticus

GEWICHT
1 t

KÖRPERLÄNGE
5–7 m

LEBENSERWARTUNG
100 Jahre

GELEGE
16–80 Eier

BRUTDAUER
84–89 Tage

NAHRUNG
große Säugetiere
Fische

VERBREITUNG
Afrika

STANDORT
Krokodil-See

OLIVGRÜNER SCHLANGENSTERN

HUGO, DER SPRINTER MIT DEN FÜNF ARMEN

Sollte Hugo je eine Partnerin in einer Kuppel-Show im Fernsehen suchen, dann könnte die leicht säuselnde Stimme aus dem Off etwa Folgendes über ihn sagen: „Hugo, der attraktive Stachelhäuter, der sich wie ein Dreitagebart anfühlt, steht auf Frauen, die nicht nur hinter den Ohren grün sind. Gern möchte er sich mit ihnen vermehren, indem er möglichst viele Arme abwirft.“ Tierische Einschaltquoten wären sicherlich garantiert...

Da bisher jedoch noch kein Produzent an seine Aquariumsscheibe geklopft hat, begnügt sich Hugo vorerst mit dem täglichen Auftritt im Tierpark Hagenbeck. Hier lebt der Olivgrüne Schlangenstern in der Schatzkammer des Tropen-Aquariums – und nur Tierpflegerin Heidrun Rohr weiß, wie er sich anfühlt.

„Als ich ihn einmal unter Wasser umsetzen musste, prickelte er wie der Dreitagebart eines Mannes“, sagt sie. Verantwortlich dafür sind die feinen Stacheln an den Armseiten des Schlangensterns, die ein dekoratives Ringelmuster ziert.

Fünf stachelige Arme sind es pro Tier, was auch ihre enge Verwandtschaft zu den Seesternen zeigt. Biologen sprechen beim Aufbau der Tiere auch von einer „fünfstrahligen Symmetrie“. Die Arme, an deren Füßchen Saugnäpfe fehlen, heben die Schlangensterne aber auch gleichzeitig aus ihrer Verwandtschaft heraus: „Sie sind länger und schlanker als bei den meisten Seesternen und deutlich vom Körper, der Zentralscheibe, abgesetzt“, sagt Heidrun Rohr. Die Schlangensterne sind dadurch beweglicher und auch flinker unterwegs. Man könnte glatt sagen, dass sie die Sprinter in der Seesternverwandtschaft sind.

Olivgrüne Schlangensterne leben auf Sandböden und Korallenschutt in den Riffen des tropischen Indopazifiks. Sie kommen von der Küste Ostafrikas bis nach Japan, Hawaii und den Inseln des südlichen Pazifik in Tiefen von 5 bis 40 Metern vor. Unter den Schlangensternen gehören sie mit einem Körperdurchmesser von bis zu fünf und Armlängen von bis zu 25 Zentimetern zu den größeren Exemplaren. „Ich habe beim Tauchen in unserem Korallenbecken aber auch schon einen Olivgrünen Schlangenstern gesehen, dessen Körper noch größer war, sieben bis acht Zentimeter im Durchmesser. Ein echter Riese!“, sagt Heidrun Rohr. Hugo, der in einem kleineren Becken lebt, sei dagegen mit vier Zentimetern Durchmesser noch nicht ausgewachsen.

Dafür ist er so hübsch wie alle seine Artgenossen: Auf olivfarbenem Untergrund (manche Tiere aus tiefen Regionen können auch leuchtend gelbgrün oder zitronengelb sein) zeigen Olivgrüne Schlangensterne Muster von in Reihen angeordneten hellen Punkten mit dunklem Rand. Jedenfalls alle älteren Tiere; frisch geschlüpfte Olivgrüne Schlangensterne sind knallrot gefärbt und fangen mit dem Farbwechsel erst langsam von den Armspitzen her an.

Wie genau sich die Tiere vermehren, ist noch nicht bekannt. Forscher vermuten, das einerseits Larven in einer Bruttasche an der Unterseite des Körpers gepflegt werden. „Schlangensterne können sich aber auch darüber vermehren, dass sie Arme bewusst abwerfen und sich diese zu einem neuen Tier entwickeln", sagt Heidrun Rohr. Diese ungeschlechtliche Vermehrung wird im Fachjargon Fissiparie genannt. Auch sonst schmeißen die Tiere gern mit Extremitäten um sich, etwa um Feinden zu entgehen. Abgestoßene Arme werden danach wieder nachgebildet.

Gebrauchen können die Schlangensterne alle fünf Arme, nicht nur zum Laufen, sondern auch für die Jagd. Hugo und seine Kollegen, die sich tagsüber unter Steinen und Korallen verbergen, erhaschen nachts bodenbewohnende Kleinlebewesen. „Sie angeln aber auch regelrecht nach Nahrung, wenn wir die Fische füttern", sagt Heidrun Rohr. Dazu kämen die zehn Tiere sogar tagsüber aus ihren Verstecken hervor und kletterten in den Aquarien herum. Verdammt schnell, weil verdammt verfressen.

OLIVGRÜNER SCHLANGENSTERN
Ophiarachna incrassata

KÖRPERDURCHMESSER
5 cm

ARMLÄNGE
25 cm

NAHRUNG
Wirbellose
Aas, kleine Fische

VERBREITUNG
Indopazifik

STANDORT
Schatzkammer

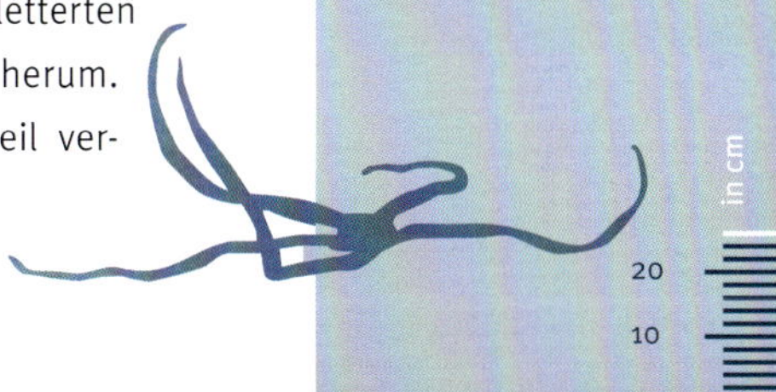

PICASSO-DRÜCKERFISCH

PABLO, DER AVANTGARDISTISCHE STINKSTIEFEL

Er und malen? Dann wohl höchstens mit Wasserfarben... Nein, seinen Namen verdankt Pablo, der Picasso-Drückerfisch, weniger seinem kreativen Talent als seiner auffälligen Färbung. Als hätte der spanische Großmeister persönlich Hand angelegt, präsentiert sich der Fisch mit avantgardistischen schwarzen und gelben Streifen auf weißem Grund – wobei die leuchtend gelbe Spur, die vom Mundwinkel Richtung Bauch führt, so aussieht, als wäre sie noch ganz frisch. Und ein wenig verlaufen.

Pablo ist eines von zwei Drückerfisch-Exemplaren in der Hai-Lagune des Tropen-Aquariums. „Alle Drücker sind untereinander Stinkstiefel", sagt Tierpfleger Reiner Reusch. „Deshalb kann man sie nicht zu mehreren und wenn auch nur in großen Aquarien zusammen halten." Neben Bambus-, Epauletten- und Stierkopfhaien schwimmt deshalb nur noch ein kleines Drückerfischweibchen mit in dem halbrunden Becken, das von Besuchern sowohl von oben als auch durch die dicke Scheibe einzusehen ist. Und in dem Pablo einen mindestens genauso außergewöhnlichen Freund gefunden hat: Pieks, den Igelfisch.

Wie Pat und Patachon halten sich die beiden weitläufig verwandten Fische (gehören beide zu den Kugelfischverwandten) gern an der rechten Seite des Beckens auf. Gehen Personen nahe ans Glas, kommen beide meist nach kurzer Zeit angeschwommen. Reusch: „Besonders der Igelfisch ist extrem neugierig." Bei Pablo, der wie viele Drücker ein reviерbildender Einzelgänger ist, könnte das Verhalten aber auch das Verteidigen „seines" Beckens bedeuten.

Picasso-Drückerfische leben im Indopazifik in flachen Lagunen mit Korallenbewuchs. Hier können sie eindrucksvoll zeigen, woher ihr Familienname kommt: Alle Drückerfische können sich mithilfe ihrer ersten beiden Flossenstrahlen so in Felsnischen verkeilen, dass Feinde sie nicht hervorziehen können. „Ich habe das bei unseren Fischen leider noch nicht gesehen, auch wenn sie sich zum Schlafen zwischen die Steine verdrücken", sagt Reiner Reusch.

Im Riff finden die räuberischen, bis 30 Zentimeter langen Fische ihre Nahrung: Mit ihren scharfen Zähnen knacken sie mühelos Seeigel, Muscheln und Korallenstöcke. Bei Hagenbeck stehen für Pablo Muscheln, Krebse,

Garnelen und Fisch auf dem Speiseplan.

Und als wären ihr Verhalten und Aussehen nicht schon außergewöhnlich genug, gehören Picasso-Drückerfische auch noch zu den wenigen Fischen, die Laute erzeugen können: „Sie knirschen mit den Zähnen und können mit dem Schultergürtel an der Schwimmblase reiben und so Trommelgeräusche erzeugen", sagt Reusch.

PICASSO-DRÜCKERFISCH
Rhinecanthus aculeatus

KÖRPERLÄNGE
30 cm

VERBREITUNG
Indopazifik,
Rotes Meer

NAHRUNG
Wirbellose
Algen

BESONDERHEITEN
Picasso-Drückerfische können deutlich vernehmbare Laute erzeugen

STANDORT
Lagune

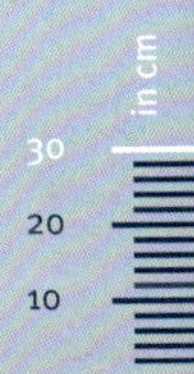

ZORRO, DAS SENSIBELCHEN MIT DEM GROSSEN MAUL

Manche Besucher sagen, Zorro sei der Herrscher des Hai-Atolls. Von wegen Graue Riffhaie, Schwarzspitzen-Riffhaie und Zebrahaie – alles Kindergeburtstag! Wenn der Riesen-Zackenbarsch majestätisch-gelassen ins Bild schwimmt, stoisch wie ein griechischer Tanker seinen Kurs hält und dabei ungefähr so gut gelaunt wie ein unausgeschlafener russischer Türsteher aussieht, liegt dieser Eindruck nah. Doch weit gefehlt: „Zorro ist sehr zurückhaltend, ein echtes Sensibelchen“, erklärt Guido Westhoff.

Ist die Anatomie schuld, dass man den hellgrauen Fisch mit den dunklen Flecken so vermenschlicht für einen Griesgram hält? Hier greift genau der Effekt, warum wir Delfine gern als stets gut gelaunte Zeitgenossen einstufen: Das Aussehen des Mauls gibt den Ausschlag. Und so drückt Zorros kräftiger Unterbiss (Biologen nennen das bei Fischen oberständiges Maul) ihm den Stempel auf.

Riesen-Zackenbarsche leben im Roten Meer, im Indischen Ozean und im westlichen Pazifik zwischen Südjapan, Hawaii und Neukaledonien. Die in ihren Revieren als Einzelgänger vorkommenden Tiere werden bis zu zwei Meter lang und können bis zu 300 Kilogramm auf die Waage bringen. Damit sind sie die größten an Korallenriffen lebenden Knochenfische.

Zorro ist noch nicht ausgewachsen. Als er zur Eröffnung des Tropen-Aquariums im Mai 2007 nach Hamburg kam, maß er 70 Zentimeter. Bis Dezember 2007 hatte er jedoch bereits stolze 40 Zentimeter zugelegt – Zuwachsraten, von denen die Wirtschaft nur träumen kann.

„Wir wissen nicht, wie alt er ist, aber wir schätzen sein Geburtsjahr auf etwa 2002", sagt Westhoff. „Ihn" ist dabei gut gesagt: „Unter uns haben wir festgelegt, dass Zorro ein männliches Exemplar ist", sagt der Biologe und lacht. „Wir haben ihn aber als geschlechtslos gekauft. Alle Korallenriff-Fische wechseln ständig ihr Geschlecht, können das von einem auf den anderen Tag umstellen." Je nachdem, ob gerade ein interessantes Männchen oder Weibchen ins Revier geschwommen kommt. Und da Zorro der einzige Riesen-Zackenbarsch bei Hagenbeck ist, behält er seine geschlechtliche Ausprägung diskret für sich.

Dreimal in der Woche bekommt der große Fisch eine Makrele oder ein Stück Seelachs. Immer in den dunklen Bereichen des Aquariums, vor den Fütterungszeiten der Haie. Westhoff: „Zorro frisst nicht mehr, wenn die Haie fressen. Das ist aber auch logisch: Wenn Haie erst einmal im Blutrausch sind, will kein Fisch in ihrer Nähe sein." So lässt das Sensibelchen sogar manchmal Mahlzeiten ausfallen.

Auch Körperkontakt meidet Zorro normalerweise. Nur einmal hat ihn Westhoff kurz am Bauch gekrault, als der Zackenbarsch direkt über ihn hinwegschwamm. In freier Wildbahn seien die Tiere völlig ungefährlich, sagt der erfahrene Taucher: „Leider sind sie deshalb ein beliebtes Ziel bei der Unterwasser-Großwildjagd der Harpunettis.“ Nur wenn die großen Fische in den Meeren von Tauchern von Hand gefüttert würden, könne es schon einmal passieren, dass sie mit ihrem gewaltigen Maul gleich die ganze Hand einsaugten.

Davor müssen die Putzerfischer im Becken keine Angst haben: Wenn Zorro seine Putzstation am Boden aufsucht, hält er absolut still. Mit ihrer Arbeit haben ihn die kleinen Fische nicht nur von Parasiten, sondern auch schon von einer Wunde befreit. Ein Naturheilmittel der anderen Art.

RIESEN-ZACKEN-BARSCH
Epinephelus tukula

GEWICHT
400 kg

KÖRPERLÄNGE
3 m

VERBREITUNG
Indopazifik
Rotes Meer
Westlicher Pazifik

NAHRUNG
Krebstiere
Fische

BESONDERHEITEN
Vor ihm haben sogar Haie Respekt

STANDORT
großes Hai-Atoll

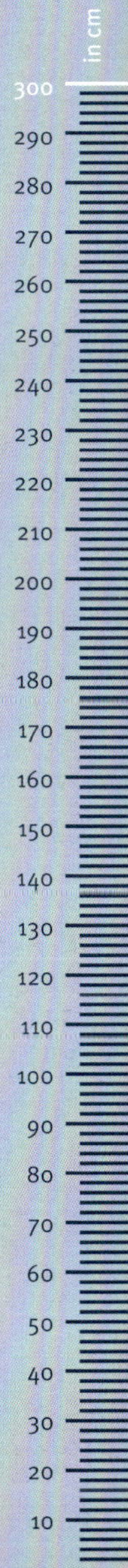

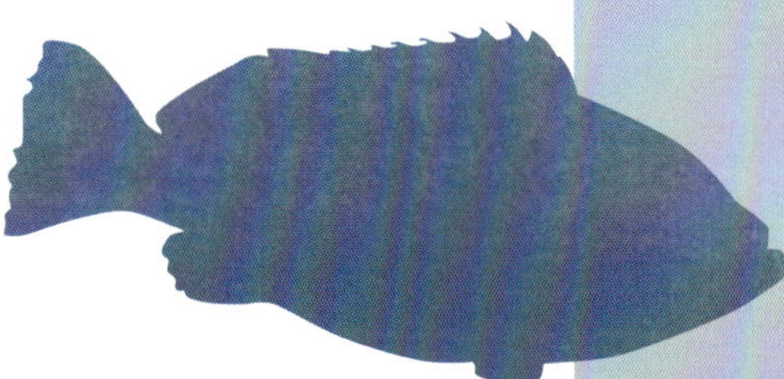

RODRIGO, DER FLUGHUND, LÄSST SICH GERN HÄNGEN

Alles Kerle im besten Alter, und noch dazu ganz unter sich. Doch selbst wenn ein Weibchen in der Nähe wäre, würden sie ihr Verhalten nicht ändern: Rodrigo lässt sich gern hängen, so wie seine Kumpel auch. Liegt es doch in der Natur der Sache, dass Vertreter dieser Säugetiergruppe nicht auf dem Ast sitzen, sondern daran baumeln. Rodrigo ist ein Rodriguez-Flughund.

Flughunde gehören, ebenso wie die auch bei uns heimischen Fledermäuse, zur Ordnung der Fledertiere. „Säugetiere, die fliegen! Und die noch dazu so erfolgreich, so artenreich sind! Das allein ist doch schon irre", sagt der Leiter des Tropen-Aquariums. Zur Eröffnung des Hauses im Mai 2007 zog eine Junggesellen-Gruppe der stark bedrohten Tierart (im Freiland gibt es vermutlich noch 2000 Tiere, in Zoos etwa 400) in die große Halle, unter das UV-durchlässige Foliendach. Unter ihnen Rodrigo, das älteste der acht Tiere.

Damals bereits zwölf Jahre alt (das Höchstalter der Tiere liegt bei ungefähr 25 Jahren), kam Rodrigo mit einigen Mitstreitern aus dem Zoo in Dublin (Irland). Der jüngere Rest der Truppe kam aus dem Zoo in Köln dazu. Eine trinkfeste, feierfreudige Männerrunde, würde man zumindest bei der Spezies Homo sapiens vermuten. „Doch ob Flughunde überhaupt aktiv trinken oder die Flüssigkeit nur über die Früchte, die sie fressen, aufnehmen, weiß man noch gar nicht", sagt Westhoff.

Vieles haben die Tierpfleger im Tropen-Aquarium in den vergangenen Jahren jedoch über die Tiere gelernt: dass Flughunde sich nichts vorschreiben lassen – den für sie ausgewählten und beschilderten Schlafbaum ignorierten sie von Anfang an. Dass sie sich, trotz ihrer Körperlänge von 35 Zentimetern und einer Spannweite von einem Meter, perfekt in der dichten Vegetation der Halle verstecken können – so gut, dass sie die Pfleger nur sporadisch zu Gesicht bekommen. Dass Flughunde zwar elegante Flieger sind – aber einem Krokodil an der Wasseroberfläche trotzdem nicht zu nah kommen sollten (da waren es nur noch sieben ...). Und dass Rodrigos Herz (wie auch sein Restkörper) an einer Lampe hängt: „Während die anderen ihre Schlafpositionen immer wieder ändern, ist er regelmäßig an einer Lampe in der Nähe unserer Ameisenkolonie zu finden", sagt Westhoff.

Immer wieder erlebt der Biologe den Aha-Effekt bei den Besuchern, wenn die Tiere, besonders am späten Nachmittag, über die Köpfe hinwegfliegen. „Witzig sieht es aber auch aus, wenn sich die Flughunde dann einmal auf dem Boden befinden und an eine der Futterschalen heranrobben. Wie kleine, unbeholfene Männer in Umhängen."

Dass es sich bei der hagenbeckschen Gruppe nur um Männchen handelt, ist dem bedrohten Status der Tiere geschuldet: Die Hamburger Männer sind sozusagen ein genetischer Reservepool für die anderen in Zoos befindlichen Flughunde. In ihrer ursprünglichen Heimat, der Insel Rodriguez im Indischen Ozean, hatten in den 70er-Jahren mehrere Wirbelstürme den Bestand der Art bedrohlich dezimiert.

Rodrigo geht es jedenfalls gut. Tag für Tag hängt er an seiner Lampe, lässt sich Obst und Gemüse servieren und klaut höchstens einmal einem der Vögel einen Mehlwurm. So viel zum fiesen Vampir-Image.

RODRIGUEZ-FLUGHUND
Pteropus rodricensis

GEWICHT
250–400 g

KOPFRUMPFLÄNGE
35 cm

LEBENSERWARTUNG
25 bis 30 Jahre

TRAGZEIT
5–6 Monate

NAHRUNG
Früchte

VERBREITUNG
Die Insel Rodriguez im Indischen Ozean in der Nähe von Mauritius

GEFÄHRDUNG
stark bedroht

STANDORT
frei fliegend in der Tropenwelt

DER ROTE RODI RUTSCHT SO GERN

ROTER NEONSALMLER

Es ist ein wenig so, als ob Eltern abends versuchen, ihre Kinder aus dem Freibad herauszubekommen. Die Lütten haben sich alle unter der großen Rutsche versammelt, schon mit blauen Lippen, aber hektisch-glücklichen, roten Wangen und wollen doch „nur noch einmal, wirklich!" Einmal den Rausch der Geschwindigkeit erleben, den Fall ins Freie, das Ausspucken nach dem wilden Ritt ins tiefe Wasser. So muss es auch bei Rodi und einer kleinen Gang von Artgenossen sein.

Rodi ist ein Roter Neonsalmler oder kurz Roter Neon, ein im Süßwasser des Amazonasgebiets lebender Schwarmfisch. Mit schöner Regelmäßigkeit vergnügt er sich auf einer sehr speziellen „Wasserrutsche", was die Tierpfleger in Hagenbecks Tropen-Aquarium allerdings gar nicht gern sehen. „Jede Woche müssen wir einige Tiere aus dem Filter zurück ins Becken setzen – und das, obwohl wir ein zusätzliches Schutzgitter vor der Oberflächenabsaugung haben. Keine Ahnung, wie die Neons es trotzdem immer wieder in die Rohre und dadurch in den Filter schaffen", sagt Tierpfleger Reiner Reusch.

Geschadet haben den leuchtend roten Fischen mit dem strahlend blauen Rallyestreifen ihre Ausflüge bisher nicht. Auch wenn die Tierpfleger nicht jeden Einzelnen unter die Lupe nehmen können: 1395 Individuen (Reusch: „Vielleicht einer mehr oder weniger") des Roten Neonsalmlers leben im sogenannten Amazonas-Flusslauf-Becken des Tropen-Aquariums. In einem der grünsten Becken des Hauses, das unter anderem mit Amazonas-Schwertpflanzen, Brasilianischem Wassernabel, Tigerlotus und Rotem Papageienblatt bepflanzt ist, finden sich neben den Roten Neons auch andere Salmlerarten und Schmetterlingsbuntbarsche.

Meistens geht es dabei friedlich zu, auch wenn die Roten Neons, anders als viele andere Schwarmfische, ein Revier abstecken und es gegen Artgenossen verteidigen. Platz genug haben die Fische, die mit maximal fünf Zentimeter Körperlänge und einem Durchschnittsgewicht von nur 0,13 Gramm kleiner als die meisten ihrer Verwandten sind, dafür genug: „Das Becken ist zehn Meter lang, 3,5 Meter tief, zwei Meter hoch und fasst 47 000 Liter Wasser", sagt Reiner Reusch. Und klingt dabei schon ein wenig stolz.

Stolz ist er auch auf die „Herstellung“ des Futters für die Fische: Es ist nämlich selbst angebaut, sozusagen. „Wir fangen in unseren eigenen Teichen Wasserflöhe, mit denen wir auch die Roten Neons füttern“, verrät Reusch. Die mögen die Allesfresser, die auch Pflanzenreste nicht verschmähen, am liebsten. Wenn das Wasser dann bei 27 Grad noch schön warm ist und einen pH-Wert um 8 hat – wenn die Tiere in einem wesentlich härteren Wasser leben müssen, können sie an ähnlichen Schwierigkeiten leiden wie Menschen mit Nierensteinen –, können Rodi und seine Kollegen schon einmal bis zu zehn Jahre alt werden.

Nicht nur deshalb sind sie bei Aquarianern äußert beliebt. „Die Roten Neons leuchten einfach extrem, anders als alle anderen Neonsalmler“, sagt Reiner Reusch. Gut, die Fische seien recht klein – „aber da macht es dann die Masse“. Und auch wenn sie so klein sind, kann man Männchen und Weibchen doch recht gut unterscheiden: Weibchen (wie gemein, ist aber biologisch sinnvoll) haben eine deutlich fülligere Bauchregion. Mit 500 Eiern pro Laichakt sind sie dafür in der Laichzeit, die in der Natur mit dem Beginn der Regenzeit einsetzt, aber auch sehr produktiv.

Ob Rodi bereits Vater geworden ist, kann Reiner Reusch beim besten Willen nicht sagen. Doch es ist eher unwahrscheinlich – landen die winzigen Eier doch ebenfalls im Filter. Für Nachzuchten hat das Tropen-Aquarium deshalb eigens spezielle Becken hinter den Kulissen zur Verfügung. An Importmöglichkeiten mangelt es jedoch bei dieser Art nicht: Tschechien gehört zu den größten Exporteuren Roter Neons, und aus Lateinamerika werden nach inoffiziellen Angaben jährlich fast 13 Millionen Rote Neons ausgeführt, was rund

80 Prozent der Gesamtzahl der von dort exportierten Fische beträgt.

Wenn ein neuer Schwung der auch Kardinaltetra genannten Fische bei Hagenbeck eintrifft, halten sich die Tiere gern erst einmal recht weit oben im Becken auf, sagt Reusch. Doch damit steigt auch die Wahrscheinlichkeit, dass sie die Wasserrutsche entdecken – oder vielleicht auch umgekehrt. Der eine oder andere bleibt dann bei diesem besonderen Freizeitvergnügen. So wie Rodi. Lebenslang Schwimmbad hat er ja eh gebucht.

ROTER NEONSALMLER
Paracheirodon axelrodi

KÖRPERLÄNGE
5 cm

LEBENSERWARTUNG
10 Jahre

VERBREITUNG
Amazonasgebiet
Südamerika

NAHRUNG
Plankton
Krebstiere

BESONDERHEITEN:
Neons leuchten nicht selbst, sondern weisen nur eine extrem lichtreflektierende Schicht auf

STANDORT
Amazonas-Flusslauf

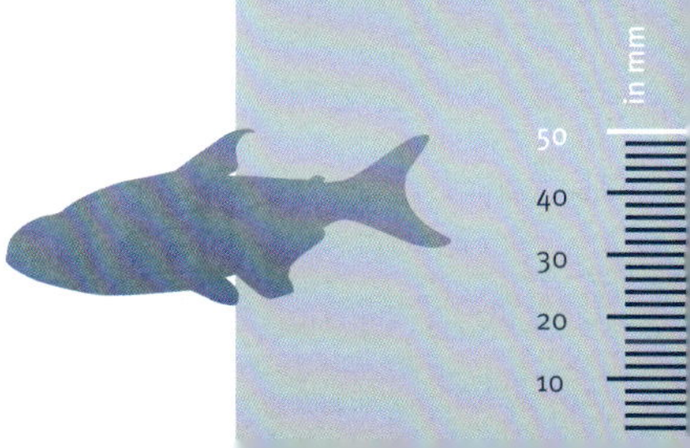

FETTER FEUERFISCH MUSS FIES FASTEN

Man kann an vieles bei seinem Anblick denken: an die fantasievolle Formenvielfalt der Natur etwa. Oder, mit einem leichten Schaudern, auch an seine Giftigkeit. Nur auf den Gedanken, der Guido Westhoff bei Red, dem Rotfeuerfisch, durch den Kopf schießt, kommt man höchstens als passionierter Aquarianer: dass der Fisch eine strikte Diät braucht. Und genau auf die hat ihn der Biologe dann auch gesetzt.

„Das Problem ist: Unsere Feuerfische fressen einfach zu gern“, sagt Westhoff. Neben vier Rotfeuerfischen beherbergt der Hamburger Tierpark auch zwei Antennen- und zwei Strahlenfeuerfische. Bisher wurden diese mit Garnelen, Tintenfisch-, Schollen- und Makrelenstücken gefüttert. Doch derzeit gibt es nur noch Garnelen, und davon auch kleinere Portionen. Denn Red und seine Kollegen sind einfach zu dick geworden.

Bei den Rotfeuerfischen fällt die Gewichtszunahme besonders auf; sie sind aber auch generell die größten Feuerfisch-Vertreter: Bis zu 35 Zentimeter Länge können die auffälligen Tiere erreichen. Pazifische Rotfeuerfische, so ihr vollständiger Name, leben im Pazifischen Ozean zwischen Malaysia und Japan. Dort besiedeln sie Lagunen und Außenriffe. Bei Hagenbeck findet sich der Nachbau eines solchen kurz vor dem großen Hai-Atoll, und neben den drei Feuerfischarten leben hier noch Fuchsgesichter, Husarenfische, Falterfische und zwei Langusten. Letztere sollen auf absehbare Zeit ein neues Quartier bekommen. Westhoff: „Ich würde gern Seeschlangen in dem Becken halten – doch die letzten wurden von den Langusten gefressen.“ Das Risiko wolle er kein zweites Mal eingehen.

Apropos Risiko: Wie gefährlich sind die giftigen Feuerfische für Menschen? „Feuerfische haben ein sehr schmerzhaftes Gift, das allerdings als reines Verteidigungsgift angelegt ist und nicht als Jagdgift, wie etwa das der Schlangen", sagt der Aquariumsleiter. Deshalb würde das Gift zwar starke Schmerzen an der Stichstelle auslösen, gegebenenfalls auch an der gesamten Extremität, jedoch weder Nerven noch Gewebe schädigen. „Und da Red und seine Artgenossen zwar neugierig, aber überhaupt nicht aggressiv im Verhalten sind, müssen wir auch beim Tauchen im Becken keine speziellen Vorsichtsmaßnahmen ergreifen – außer aufzupassen, dass wir nicht auf einen der Fische drauffassen oder drauftreten." Denn im Weg herumzusitzen ist ein großer Sport bei Familie Feuerfisch.

Dass sich die Tiere überhaupt mit einem Gift verteidigen müssen, das sich in einem Sekret auf den großen Hartstacheln der ersten Rückenflosse befindet, hängt mit ihrer langsamen Lebensweise zusammen. „Durch ihre großen, auffälligen Flossen sind sie nur recht langsame Schwimmer", sagt Westhoff. Und wenn Abhauen deshalb flachfällt, kommt als Strategie nur noch Verteidigung infrage – und Tarnung. Diese gelingt den nachtaktiven Fischen ebenfalls sehr gut: Durch ihre fächerförmigen Brustflossen, die rötlich-bräunlichen Bänderungen auf hellem Grund und die langen Stacheln lösen sich ihre Konturen – rein optisch – zwischen Korallen äußerst gut auf.

Von den langen Stacheln, die ein wenig an Fackeln erinnern, soll auch der Name Feuerfisch kommen, so eine der Erklärungen. „Andere Quellen sagen, dass die Fische so heißen, weil ihr Gift wie Feuer brennt", sagt Westhoff.

So oder so: Red, Jahrgang 2005, ist nach einem der bekanntesten Feuerwehrmänner überhaupt benannt, dem Amerikaner Paul Neal „Red“ Adair.

Bleibt zu hoffen, dass dieser sich anders ernährte als die Rotfeuerfische: Die nacht- und dämmerungsaktiven Jäger streifen über den sandigen Meeresboden und scheuchen dabei Krebse, Tintenfische oder kleine Fische auf, indem sie ihre Brustflossen wie einen Trichter nach vorn richten. Bewegt sich etwas darin, saugen sie ihre Beute durch plötzliches Aufreißen des Mundes regelrecht ein, was in der Fachsprache als Saugschnappen bezeichnet wird.

Damit ist jetzt aber vorerst Schluss, jedenfalls im großen Stil. Bis Red wieder Idealgewicht hat.

ROTFEUERFISCH
Pterois volitans

KÖRPERLÄNGE
etwa 35 cm

VERBREITUNG
Indopazifik
Rotes Meer
Australien
Mikronesien
Malaysia

NAHRUNG
Fische
Garnelen

BESONDERHEITEN
Verfügt über Giftstacheln. Für Menschen nicht tödlich

STANDORT
Panorama Rotes Meer

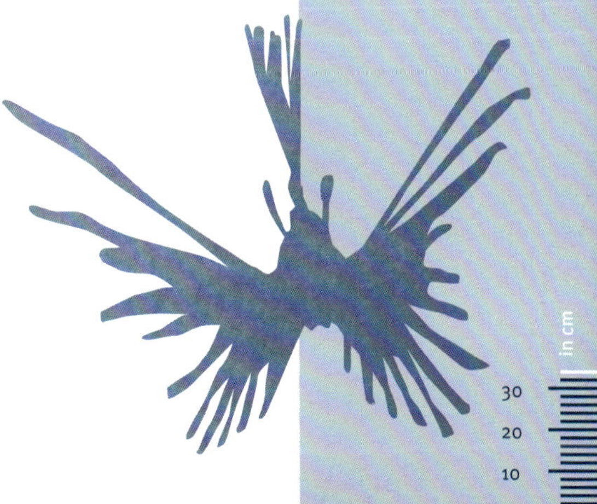

SCHLAMMSPRINGER FIETE WOHNT IN EINER FLASCHE

Sein Zuhause ist eine Sprühflasche. Eine 750-Milliliter-Sprühflasche, um genau zu sein, und diese ist Fietes ganzer Stolz. Wehe, ein anderer Kerl will ihm seine Behausung streitig machen! Dann wird blitzschnell die Rückenflosse aufgestellt und dem Kontrahenten notfalls mit einer Tracht Prügel gezeigt, wo das Wasser besonders nass ist. Wenn es um ihre Röhren geht, verstehen Schlammspringer einfach keinen Spaß.

Bei Schlammspringern handelt es sich nicht, wie man eventuell kurzzeitig glauben könnte, um Touristen aus Bottrop in neongemusterten, kunstseidenen Jogginganzügen, die im Nordseewatt an lustigen Ferienwettbewerben („Wer kann am weitesten in Gummistiefeln?“) teilnehmen. Nein, Schlammspringer sind bis zu zehn Zentimeter große Fische, die durch ihr besonderes Verhalten den Eindruck wecken, man werde Zeuge des evolutionären Landgangs der Wirbeltiere; Schlammspringer verbringen viel Zeit an Land. Fiete ist eines von 15 Exemplaren, die in Hagenbecks Tropen-Aquarium zu sehen sind.

Wenn man sich erst einmal eingeguckt und den ersten der grau-braun gemusterten Fische entdeckt hat, sieht man sie plötzlich überall: auf dem steinigen Untergrund, gleich hinter der Wasserkante, auf den Wurzeln der Mangroven oder aber am Eingang einer der Röhren. „Für diese haben wir Sprühflaschen im Untergrund eingelassen“, verrät Tierpfleger Reiner Reusch. Und diese, für die Besucher unsichtbar, werden bestens von den Fischen angenommen. In ihrer ursprünglichen Heimat, den Brackwasserbereichen des Indischen Ozeans und des Pazifiks, legen sich Schlammspringer ihre Röhren mit teils mehreren Ausgängen unter

Wasser im Schlick an. An die Wände der Röhren heften die Weibchen auch ihre Eier. Bei Ebbe sieht man die Tiere dann fleißig Schlamm aus den Röhren spucken – Hausputz und Entrümplung auf Schlammspringerart. Auch bei Hagenbeck müssen die Fische nicht auf die Gezeiten verzichten: „In dem Becken produzieren wir jeden Tag zweimal Ebbe und zweimal Flut."

Doch wie können die Schlammspringer, die als Grundelverwandte tatsächlich echte Fische und damit Kiemenatmer sind, überhaupt an Land atmen? Reusch: „Sie haben, wenn sie das Meer verlassen, immer eine Wasserblase im Mund, besser gesagt in ihrem erweiterten Kieferraum. Und dadurch können sie weiter über die Kiemen atmen." Von Zeit zu Zeit muss diese Blase jedoch aufgefrischt werden.

Nix da also mit dem Verdacht, es könnte sich doch um Amphibien handeln – auch wenn die großen, recht beweglichen Augen sehr an Frösche erinnern. Wer Fiete auf die Flossen schaut, wird sehen, dass es wirklich welche sind und keine anders gestalteten Extremitäten. Mit den verdickten Brustflossen bewegen sich die Schlammspringer fort (und klettern damit sogar die Mangroven hoch), und das zeitweise Vorschnellen durch Bewegungen ihres Schwanzes brachte ihnen den Namen ein.

Reusch und seine Kollegen füttern die Schlammspringer, die sich ihren Lebensraum mit weiteren Brackwasserarten, den Nagasaki-Fischen und den Argus-Fischen teilen, übrigens mit Muschelfleisch und kleinen Krabben. „Aber sie weiden auch Algen ab", sagt ihr Tierpfleger. Neuerdings bekommen die Ebbe-und-Flut-Junkies dabei exotischen Besuch: Eine der leuchtend grünen Wasseragamen (eine

Reptilienart) ist immer wieder mal auf Entdeckungstour in der großen Halle. Reusch: „Das geht bestens, solange sie nicht den Krokodilen vor die Schnauze geraten.“ Dass Fiete oder auch – reihum – ein anderes der Schlammspringer-Männchen dabei Wache steht, hat nichts mit den tierischen Ausbrechern zu tun. Auch im Freiland zeigen Schlammspringer dieses Verhalten, um rechtzeitig Reiher zu bemerken.

Sollte Sie übrigens einmal ein Schlammspringer aus wässrigen, verquollenen Augen anschauen, dann ist er nicht etwa untröstlich, weil er beim Wachestehen gepennt und so gerade seine Freunde eingebüßt hat. Vielmehr sind es schlicht die Hauttaschen unter seinen Augen, die ihn so verheult aussehen lassen und die durch einen Flüssigkeitsvorrat seine Augen an Land vor Austrocknung schützen. Etwas, worum ihn sicherlich viele Menschen, die in staubig-trockenen Großraumbüros arbeiten, beneiden werden.

SCHLAMMSPRINGER
Periophthalmus barbarus

KÖRPERLÄNGE
25 cm

VERBREITUNG
Westafrika

NAHRUNG
Algen
Insekten
kleine Krebstiere

BESONDERHEITEN
Sie leben amphibisch, verbringen die meiste Zeit an Land

STANDORT
Mangrove

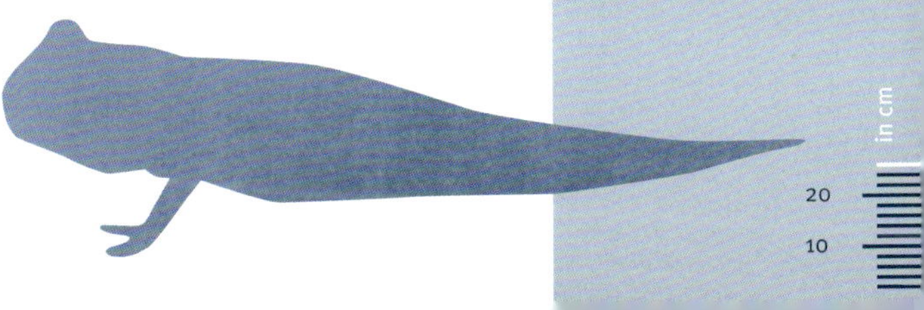

WENN JERRY AMEISEN FRISST, WIRD ER ZUM GIFTIGSTEN FROSCH DER WELT

SCHRECKLICHER PFEILGIFTFROSCH

Pfeilgiftfrosch. Schon der Begriff löst Beklemmungen aus. Bilder von Jägern in den dunkelgrünen Tiefen des Regenwaldes kommen vor das geistige Auge. Männer, die nach lange überlieferten Ritualen die Metallspitzen ihrer Pfeile mit dem Hautsekret der Frösche präparieren. Und von Beutetieren, die keine Chance haben – eine Berührung mit dem giftigen Pfeil ist ihr sicherer Tod. So ein Pfeilgiftfrosch ist Jerry. Doch bei ihm ist alles ganz anders.

Eigentlich, sagt Guido Westhoff, sei der Schreckliche Pfeilgiftfrosch, der auch Blattsteigerfrosch genannt wird, eines der giftigsten Tiere der Welt – und die giftigste Froschart überhaupt. „Zumindest solange sie in ihrem natürlichen Verbreitungsgebiet vorkommt", schränkt er ein. Dieses ist ein kleines Gebiet nahe dem Fluss Rio Saija in Kolumbien, nahe der Pazifikküste. Und in Stellingen? „Sind sie ungiftig." Den Unterschied machen die Ameisen.

Schreckliche Pfeilgiftfrösche können ihr Hautgift, das zur Lähmung der Muskulatur der Opfer und damit auch der Atmung führt, nicht selbst produzieren. Westhoff: „Sie nehmen das Gift über den Verzehr von bestimmten Ameisen auf und bauen es in ihre Haut ein." Und da es sich bei Tom und Jerry, dem leuchtend gelben Pfeilgiftfrosch-Pärchen, um deutsche Nachzuchten handelt, die noch nie auch nur in die Nähe eines kolumbianischen Regenwaldes gekommen sind und noch dazu nur mit Fruchtfliegen und Heimchen gefüttert werden, seien die Tiere auch nicht mehr gefährlich. Keine Ameisen, kein Gift.

Gut zu wissen – auch für die Grünen Hundskopfschlinger. Mit diesen Schlangen teilen sich die Pfeilgiftfrösche in der sogenannten Grabkammer ein Terrarium. „Die Hundskopfschlinger sind aber auch Säugetier- und Vogelfresser, die gehen an die Frösche so oder so nicht ran", sagt Westhoff.

Seit Juni 2011 bringen Tom und Jerry Farbe in den Amphibienbestand des Tropen-Aquariums. Ob die beiden ein Pärchen sind, kann der Biologe nicht sagen: „Das kann man den Tieren bisher nicht ansehen, da sie noch nicht ausgewachsen sind." Schreckliche Pfeilgiftfrösche können bis sechs Zentimeter groß werden; Tom und Jerry haben maximal vier Zentimeter Körperlänge erreicht.

Vielleicht verraten die beiden ihr Geschlecht, wenn man ganz genau hinhört: Männchen verfügen über Schallblasen, von denen sie in der Paarungszeit lautstark Gebrauch machen, um mit Trillerlauten Weibchen anzulocken. Bisher waren solche Laute aber weder von Jerry noch von Tom zu hören. Sollte es einst so weit sein, könnten nicht nur die Laute auf fruchtbaren Boden fallen. Blattsteigerfrösche legen ihre Eier nämlich an Land ab. Die daraus schlüpfenden Kaulquappen, die noch nicht leuchtend gelb, sondern schwarz gefärbt sind, werden dann von den Männchen auf den Rücken genommen und zum nächsten Gewässer transportiert.

Feucht brauchen es Tom und Jerry aber auch ohne Nachwuchs: „Wir sprühen mehrmals täglich Wasserdampf in das Terrarium, dazu ist es dort 26 Grad warm", sagt Guido Westhoff. Den Schrecklichen Pfeilgiftfröschen scheint das tropische Klima zu gefallen: Sie sind aktiv und auch immer gut zu sehen: „Verstecken müssen sie sich aber auch nicht, denn durch ihre Farbe signalisieren sie allen anderen Arten, dass sie giftig sind." Kann ja keiner wissen, dass Ameisen nicht mehr auf dem Speiseplan der beiden stehen.

Tatsächlich haben die Blattsteiger, die zwar durchaus Pflanzen erklimmen können, generell jedoch bevorzugt auf dem Waldboden leben, nur einen natürlichen Feind: eine Goldbauchnatter namens *Leimadophis epinephelus*. Sie ist gegen das Gift zwar nicht immun, hat aber eine Resistenz entwickelt. Für alle anderen Lebewesen einschließlich des Menschen ist das Gift der Schrecklichen Pfeilgiftfrösche so giftig, dass die Chocó-Indianer Kolumbiens die Pfeilspitzen ihrer Blasrohrpfeile nur einmal über den Rücken der Tiere streifen mussten, sagt Westhoff. „Andere Froscharten mussten zu Dutzenden getötet werden, um genug Gift für eine Spitze zusammenzubekommen."

Schön, dass Tom und Jerry nur Spaß machen, diesbezüglich.

SCHRECKLICHER PFEILGIFTFROSCH
Phyllobates terribilis

KÖRPERLÄNGE
6 cm

LEBENSERWARTUNG
bis 12 Jahre

GELEGE
10–15 Eier

NAHRUNG
Milben, Ameisen, Spinnen, Insekten

VERBREITUNG
Kolumbien

BESONDERHEITEN
Die Eier werden, wie bei vielen Blattsteigerfröschen üblich, an Land abgelegt. Die schlüpfenden Larven werden von den Männchen auf den Rücken genommen und zu dauerhaft wasserführenden Gewässern transportiert, wo sie ihre Kaulquappenphase durchlaufen

STATUS
stark gefährdet

STANDORT
Grubenfenster bei den Hundskopfschlingern

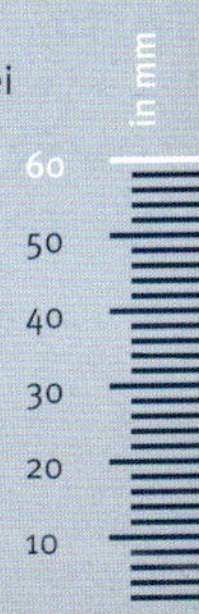

SCHMIDTL, DIE RIESENMUSCHEL MIT MIESEM RUF

SCHUPPIGE RIESENMUSCHEL

Schmidtl macht ab und zu dicht. Das liegt weniger an seinem miesen Ruf (seine ganze Sippe wird unverhohlen als Mörder bezeichnet, doch dazu später) als an allzu viel Sand im Getriebe. Dies passiert immer dann, wenn ihm und den anderen Bewohnern des Korallenriffs in Hagenbecks Tropen-Aquarium jemand aufs Dach steigt, also ein Pfleger zur Reinigung des Beckens in selbigem (auf)taucht. Schmidtl ist eine Riesenmuschel – und mag es überhaupt nicht, wenn der Sand im Riesenaquarium zu sehr aufgewirbelt wird.

Verstehen kann das Weichtier jeder, der beim Verzehr von einer Portion seiner kleineren Verwandten (Miesmuscheln, zum Beispiel) schon einmal den Mund voll Sand hatte. Als sogenannte Filtrierer strudeln die Muscheln mehrere Liter Seewasser in der Stunde durch ihre Körper hindurch. „Die Riesenmuschel schafft mehrere Hundert Liter am Tag", sagt Uwe Richter, der pensionierte, langjährige Leiter des alten Tropariums bei Hagenbeck. Dabei kann man die Einstrom- und die Ausstromöffnung bei den Riesenmuscheln gut unterscheiden: „Der Eingang sieht aus wie ein Kamm, um größere Treibstücke abzuhalten", sagt Richter. Eingesaugtes Plankton ist jedoch herzlich willkommen: Besonders kleine Algen dienen den Muscheln als Nahrung.

Schmidtl war sechs oder sieben Jahre alt, schätzt Richter, und gerade einmal zwei Kilogramm schwer, als er 1989 nach Hamburg kam. „Herr Schmidt war ein Händler in Lünen, Westfalen, ein begnadeter Aquarianer – von ihm haben wir die Muschel. Und sie von ihm den Namen", verrät Uwe Richter mit einem Augenzwinkern. Als das Tier 2005 vermessen wurde, hatte es sein Gewicht auf zwanzig Kilogramm verzehnfacht, bei einer Länge der Schalen von mittlerweile 47 Zentimetern.

„Schmidtl ist eine Schuppige Riesenmuschel, bei der die dickwandigen Schalen außen mit auffallenden Schuppen besetzt sind“, erklärt Richter. Er hat ein besonderes Verhältnis zu der Muschel – sind die beiden doch schon zusammen umgezogen. Zwischen Abriss des alten Tropariums und Neubau des heutigen Tropen-Aquariums wurden viele Tiere, zum Beispiel alle Bewohner des Korallenriffs, in Becken auf dem Wirtschaftshof des Tierparks zwischengelagert.

Ein Transport in riesigen Wannen? „Bei den Riesenmuscheln war das gar kein Problem“, sagt Richter. „Die können auch schon einmal eine Stunde trocken liegen.“ Immerhin sind sie Tiere des indopazifischen Riffs, und an diesem werden sie durch Ebbezeiten ab und zu auch an die Luft befördert.

Überhaupt: Wie ist das denn jetzt mit der Behauptung, Riesenmuscheln schnappten blitzschnell nach Tauchern und hielten diese für immer am Meeresgrund? „Blödsinn“, sagt Uwe Richter. „Die Schließbewegung der Muskeln ist recht langsam.“ Die Muscheln schlössen sich außerdem schon, wenn ein Schatten auf sie falle, um sich vor Feinden zu schützen.

Nur ein einziges Mal wurde Richter Zeuge eines Muscheldramas: Ein Fuchsgesicht, ein giftiger, neugieriger Korallenfisch, pickte ständig an den Mantellippen einer Riesenmuschel herum. Als Richter eines Morgens ins Becken schaute, steckte der Fisch mit dem Kopf zwischen den geschlossenen Schalen. „Ich habe noch versucht, die Muschel aufzudrücken, aber sie machte immer doller zu.“ Fatal für beide Tiere: Das

Gift des Fisches geriet in die Muschel – am Abend waren beide tot.

Schmidtl ist diesbezüglich bisher friedlich geblieben. Seine changierenden Hautlappen aus der Nähe sehen zu können ist für viele Besucher ein Erlebnis. In den Mantellippen leben übrigens Symbiosealgen, die die Muschel mit organischer Substanz und Sauerstoff versorgen.

Wie praktisch – und auf eine Frau Schmidt muss Schmidtl übrigens auch nicht warten: Wie andere Weichtiere sind Riesenmuscheln Hermaphroditen, das heißt, sie bilden sowohl männliche als auch weibliche Geschlechtsorgane aus und geben Eier und Spermien ins Wasser ab. Zeitversetzt, damit sie sich nicht selbst befruchten. Da sage noch einer, Muscheln seien langweilig.

SCHUPPIGE RIESENMUSCHEL
Tridacna squamosa

GEWICHT
maximal 200 kg

GRÖSSE
maximal 120 cm

VERBREITUNG
Indischer Ozean
Pazifik

NAHRUNG
Plankton
Licht
(Symbiosealgen)

BESONDERHEITEN
In ihrem Mantellippen leben Symbiosealgen, die die Muschel mit organischer Substanz und Sauerstoff versorgen

STANDORT
Tropen-Lagune

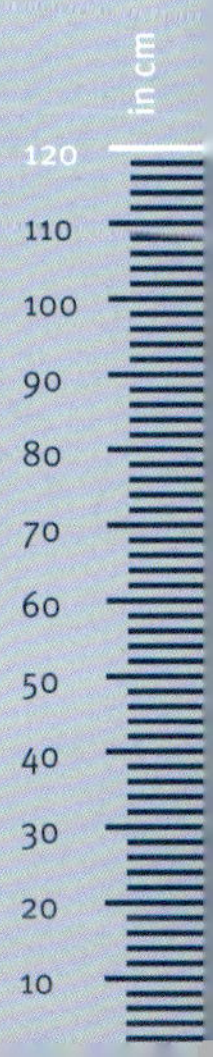

TOSU, DER MEISTER IM TRICKSEN, TÄUSCHEN UND TARNEN

SEEGRAS-FEILENFISCH

Was ist grün und stinkt nach Fisch? Nein, das ist nicht Werder Bremen, auch wenn viele HSV-Anhänger anderer Meinung sind. Es ist jedoch auch nicht Tosu, der ansonsten die passenden Attribute dafür mitbringt: Er ist grün, und er ist ein Fisch. Sein Geruch ist bisher aber nicht aufgefallen.

Dafür ist er ein echter Hingucker. Der Seegras-Feilenfisch ist genauso exotisch wie sein Name. „Er sieht eher aus wie ein Handteller und weniger wie ein Fisch, aber das ist wohl auch seine Strategie", sagt Guido Westhoff. Hier lebt Tosu als Einziger seiner Art in der sogenannten Schatzkammer, wo er sich ein Becken mit den Zebraschnauzen-Seepferdchen teilt.

Mit seiner leuchtend grünen Färbung sollte er schnell zu entdecken sein. Denkt man. „Er steht aber immer in den Algen drin, da ist er perfekt getarnt", sagt Westhoff. Dass sich der Fisch dabei absolut still verhält, trägt zu seiner Tarnung bei. Ebenso wie ein weißer Strich auf der Körpermitte, „der die Fischform optisch auflöst. Er steht meist mit der Schnauze nach unten geneigt im Becken. Auch das sieht für mögliche Fressfeinde nicht auf Anhieb nach Fisch aus."

Seit 2010 lebt Tosu in Hamburg. Ob er, der tropische Fisch, ein Weibchen oder ein Männchen ist, kann der Biologe nicht sagen. „Viele Korallenfische können ihr Geschlecht wechseln." Im Indischen Ozean und Westpazifik besiedeln Seegras-Feilenfische Korallenriffe und angrenzende Seegraswiesen. Da sie normalerweise Einzelgänger sind, vermisst Tosu nicht unbedingt die Anwesenheit anderer Seegras-Feilenfische.

Bekäme er doch einmal einen Partner oder eine Partnerin, würde das Weibchen (spätestens dann müssen sie sich beim Geschlecht geeinigt haben!) die Brutpflege übernehmen. Dabei werden die Eier auf dem Sandboden ständig von ihr mit den Brustflossen befächert und so mit sauerstoffhaltigem Frischwasser versorgt. Andere Fische und selbst das eigene Männchen haben dann dort nichts mehr zu suchen und werden vehement durch das Weibchen vertrieben. So gehütet, schlüpfen bereits nach drei Tagen die Larven, die als Jungfisch nach rund vier Monaten vier Zentimeter Länge (von insgesamt einmal zwölf Zentimetern) erreicht haben. Dann ist aber längst Schluss mit Pension Mama.

Bei Hagenbeck beschränkt sich das Kümmern in der Schatzkammer hauptsächlich auf das Füttern und die Säuberung der Aquarien. „Der Seegras-Feilenfisch bekommt bei uns Kleinkrebse und Garnelen", sagt Westhoff. Mit Futter in Reichweite werde der „langsame Vertreter richtig lebendig". Die tägliche Säuberung der Scheibe und das wöchentliche Absaugen des Aquarienbodens nehme Tosu hingegen gewohnt gelassen hin. Selbst wenn die Algen zurückgeschnitten und die Borstenwürmer eingesammelt werden, könne es höchstens einen dezenten

Farbwechsel zwischen Grau, Braun und Grün geben. Sogar ihre Flecken können sie bei Bedarf verblassen lassen, wenn es der Tarnung dienlich ist.

Eine Verhaltensweise Tosus, der seinen Namen übrigens nach der lateinischen Artbezeichnung *Acreichthys tomentosus* erhalten hat, kann sich Westhoff aber noch nicht genau erklären: „Den ersten Rückenflossenstachel, der isoliert von den anderen steht und stark vergrößert ist, stellt er immer mal wieder auf. Keine Ahnung, warum.“ Vielleicht, mutmaßt der Biologe, sei das ein Warnzeichen oder eine Geste der Verteidigung. Doch gegen wen? Da die Seepferdchen in der aquatischen Wohngemeinschaft ähnlich lethargische Vertreter sind, wohl kaum gegen sie. Und ob da vielleicht ab und zu einer der Besucher das Werder-Bremen-Schmählied summt und Tosu damit kränkt, ist bisher nicht belegt.

SEEGRAS-FEILENFISCH
Acreichthys tomentosus

KÖRPERLÄNGE
10–12 cm

VERBREITUNG
Indopazifik

NAHRUNG
Flohkrebse
Mollusken
Vielborster

BESONDERHEITEN
Kann seine Färbung der Umgebung anpassen

STANDORT
Schatzkammer

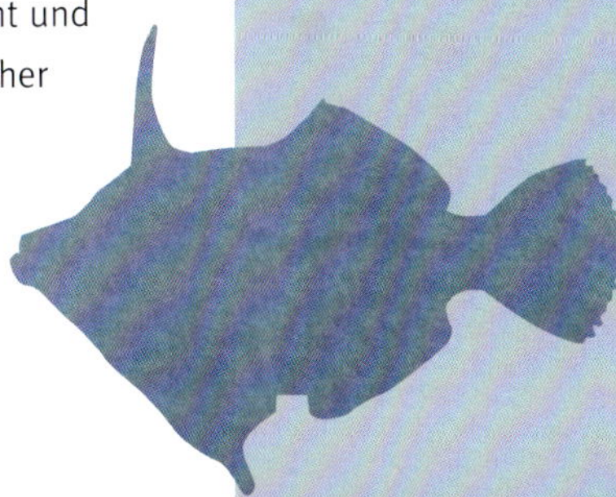

TURA, DER NICHT WASCHECHTE PUNKER UNTER DEN TROPENVÖGELN

SPITZHAUBENTURAKO

Akkurat sitzt Turas Irokesenschnitt – in leuchtendem Grün – und wird von einem kunstvollen weißen Strich abgeschlossen. Jeder Punker müsste der Vogeldame neidvoll Tribut zollen – wäre da bloß nicht diese leidige Sache mit den Farben. Denn die bunten Turakos, und zu dieser Vogelfamilie gehört Tura, sind absolut nicht wasserfest ...

Tura und ihr Männchen Rako leben im Tropen-Aquarium. Ihre genaue Bezeichnung lautet Spitzhaubenturako; hier haben die Biologen Logik bei der Namensvergabe walten lassen.

Äußerlich kann man Tura und Rako nicht voneinander unterscheiden. „Wenn wir es wissen müssten, könnten wir mit einer Federprobe eine genetische Analyse machen", sagt Tierpfleger Tobias Taraba. Doch dazu bestehe derzeit kein Anlass. Da die beiden Tropenvögel sich als echte Turteltauben erwiesen haben und auch fleißig Nester bauen, jedoch bisher noch keinen Nachwuchs hatten, wissen die Tierpfleger, dass es sich um ein Pärchen handelt. Und das reicht ihnen vorerst.

So ganz werden sie sowieso nie Bescheid wissen über die beiden bunten Vögel. Denn ihr Weg nach Hamburg begann nicht legal. „Wir haben die beiden aus einer Beschlagnahmung des Zolls am Frankfurter Flughafen", erzählt Cheftierpfleger Walter Wolters. 2008 wurden dort 40 der Vögel aus einem illegalen Import aufgegriffen. Wolters: „Der Frankfurter Zoo hat dann die Vermittlung in andere zoologische Gärten übernommen." So kamen die beiden nach Hamburg, wo sie erst eine Weile im Vogelhaus des Tierparks lebten. Bevor sie in die große Halle des Tropen-Aquariums „ausgewildert" wurden.

Seitdem bewohnen Tura und Rako statt der Baumkronen der afrikanischen Wälder südlich der Sahara die Wipfel der Tropenbäume Stellingens. Und haben sich dort bisher nicht nur Freunde gemacht. „Die beiden können richtige Stinkstiefel sein“, sagt Tobias Taraba und lacht. „Nicht uns gegenüber, denn zu uns halten sie immer gebührend Abstand. Aber gegenüber den anderen Turakos, die wir am Anfang auch in der Halle hatten.“

Die Früchtefresser, die ab und an auch ein Insekt nicht verschmähen und die etwa 45 Zentimeter groß werden, spielen in ihrer Heimat eine große Rolle bei der Verbreitung von Pflanzen. Denn die Samen der Früchte, die sie fressen, scheiden sie zum größten Teil unverdaut wieder aus – etwa die des Tamarindenbaums oder der Maulbeer-Feige.

Wenn man die beiden bei Hagenbeck sehen will, muss man etwas Geduld mitbringen – und sehr genau hinsehen. Taraba: „Durch ihr überwiegend grünes Gefieder sind sie recht schlecht in der Vegetation zu sehen, und sie haben auch keinen Lieblingsplatz, an dem man sie gut finden könnte. Ich bin sicher, dass 90 Prozent unserer Besucher die beiden noch nicht gesehen haben.“ Beste Chancen, die mit Klammerfüßen ausgestatteten Baumkletterer zu erspähen, bestünden auf der Insel im Krokodilsee oder in der Ecke des Hauses über den Blattschneider-Ameisen. Taraba: „An diesen beiden Stellen befinden sich Futterplätze für sie.“

Und was hat es jetzt mit den besonderen Farben ihres Gefieders auf sich? „Die Federn enthalten einen Farbstoff, den es nur bei den Turakos und sonst nirgendwo im Tierreich gibt“, erklärt Wolters. So heißt der grüne Farbstoff, der Tura und Rako so elegant kleidet, Turacoverdin, und der rote, kupferhaltige Farbstoff ihrer Verwandten Turacin. Beide Farbstoffe sind in leicht alkalischem Wasser löslich und waschen sich bei Regenwetter oder beim Baden ein Stück weit aus. Wolters: „Die Vögel werden dann immer bräunlicher, je näher die Mauser rückt." Danach erstrahlen sie jedoch wieder in den buntesten Farben, wobei die Farbstoffe über Mineralien in der pflanzlichen Nahrung, zum Beispiel Kupfer- und Eisenverbindungen, entstehen, die im Körper umgesetzt und an das Gefieder abgegeben werden.

Und als ob das nicht schon genug wäre, fallen die Vögel auch noch durch ihre lauten, durchdringenden Rufe auf, „besonders in den Morgen- und in den Abendstunden", wie Taraba sagt. Nur wenn es Nacht wird im Tropen-Aquarium, dann schweigen Tura und Rako. Das sagen jedenfalls die Tierpfleger. Doch wenn man ganz genau hinhört, in einer sternenklaren Vollmondnacht, dann kann man mit viel Glück vielleicht das leise Gute-Nacht-Lied der beiden hören: „Tura lura lura lu, ich mach Bubu, was machst du …"

SPITZHAUBENTURAKO
Tauraco persa livingstonii

GEWICHT
270–380 g

KOPFSCHWANZLÄNGE
40–45 cm

GELEGE
2 Eier

BRUTDAUER
21–22 Tage

NAHRUNG
Obst
Beeren
Gemüse

VERBREITUNG
Südostafrika

STANDORT
frei fliegend in der Tropenwelt

HOPSENDER SCHLUCKSPECHT, BESTENS GETARNT

TENTAKEL-
SCHLUCKSPECHT

Seit Herbst 2010 trägt Schlucki Lila. Bis dahin hatte bei ihm, unter Wasser, ja die Farbe Gelb Oberwasser. „Doch dann hat er plötzlich umgefärbt“, sagt Sven Vogler. Schuld an dem Farbwechsel des Fischs könnte die Einrichtung des Aquariums sein, vermutet der Tierpfleger: viele rote Algen, in denen sich Schlucki mit seiner neuen Tracht jetzt viel besser verstecken kann.

Schlucki ist ein Tentakelschluckspecht, der auch Tentakel-Drachenkopf genannt wird. Er zählt zur Familie der Skorpionsfische – und zu den auffälligsten Bewohnern der Schatzkammer in Hagenbecks Tropen-Aquarium. Dennoch wird er immer wieder gern übersehen.

„Im Juli 2010 ging es los“, erzählt Vogler über die Metamorphose des Fischs, der seit 2009 als Einziger seiner Art in Hamburg zu Hause ist. Schlucki wurde da plötzlich „so schmutzig-braun“. Sorgen machten sich die Tierpfleger nicht, vielmehr verfolgten sie den Prozess mit Spannung: „In Gelb war er einfach zu auffällig für das Becken. Das scheint ihm klar geworden zu sein“, sagt Vogler und lacht. Er findet den Tentakel-Schluckspecht „ganz wunderbar“, wie dieser seinen Tag damit verbringt, einen algenbewachsenen Stein zu imitieren.

Das gelingt ihm dermaßen gut, dass immer wieder Besucher von dem kleinen Aquarium weggehen und sagen: „Da ist nichts drin.“ Ist es doch! Meist sitzt Schlucki sogar direkt mittig vor der Scheibe. Doch mit seinen 30 flatterhaften Bauchflossen tarnt er sich einfach extrem gut und ähnelt viel mehr einer Pflanze als einem Tier, sodass man schon sehr genau hinsehen muss, um ihm auf die Schliche zu kommen.

Ein guter Ansatz zu seiner Enttarnung sind dabei seine Augen. Diese ähneln bunten Spiegeln. „Das ist der Effekt wie bei Katzen“, erklärt Vogler. „Das Tapetum, eine Schicht hinter der Netzhaut, reflektiert das Licht.“ Diesen Augenaufbau haben viele Tiere, die an schwächere Lichtbedingungen angepasst sind. Dem alten Lauerjäger Schlucki hilft es, wenn er auf dem Meeresgrund auf Beute wartet. Kleine Fische und Garnelen „atmet er regelrecht ein“, wie Sven Vogler sagt. Denn wie viele andere Fische und auch einige Reptilien fangen Tentakel-Schluckspechte ihre Beute nach dem Saugschnapp-Prinzip. Für das lautet die Kurzformel: große Klappe, schnell und weit aufgerissen, verspricht die fettesten Brocken.

Tentakel-Schluckspechte können 23 Zentimeter lang werden. Sie leben in tropischen und subtropischen Flachgewässern und dort bevorzugt am Fuße von Korallenriffen, in Tiefen von bis zu 30 Metern.

Bei Hagenbeck lebt der typische Einzelgänger (der nur zur Paarung romantisch wird, denn die findet meist bei Vollmond statt) mit zwei jungen Bambushaien und einem Mirakelbarsch zusammen. Der Mirakelbarsch steht dem Schluckspecht in der Nummer „Ich bin was ganz anderes, als ihr denkt“ in nichts nach, sagt Vogler: „Mit einem Fleck auf der Schwanzspitze, der einem Auge ähnelt, imitiert er eine Muräne.“ Interaktionen zwischen den Tieren hat der Tierpfleger jedoch noch nicht beobachtet.

Dabei kann der so lethargisch wirkende Schluckspecht auch ganz anders: Während der Balz sollen die Fische recht aggressiv werden können. Vielleicht ist ihm das Gedrängel einfach zu groß, wenn er mit Hunderten Artgenossen an den Küsten zusammenkommt, um sich fortzupflanzen. Dabei ist das Ganze schnell vorbei: werden doch die Eipakete von den Weibchen ins Wasser abgegeben, von den Männchen besamt und dann der Strömung überlassen.

Irgendwo in den Weiten des Meeres schlüpfen dann die Larven, bevor sie am Meeresgrund ihren Tarnjob aufnehmen. „Richtig frei schwimmen können die Tentakel-Schluckspechte nämlich nicht“, sagt Sven Vogler. „Ihnen fehlt die Schwimmblase.“ Deshalb würde die Fortbewegung von Schlucki auch eher wie ein Hopsen aussehen.

Wie sich die (farbliche) Entwicklung von Schlucki weiter gestaltet, kann Vogler nicht abschätzen. Mit 15 Zentimeter Länge ist er noch nicht ausgewachsen. Dass er jedoch jetzt schon ein Großer in der Gunst der Besucher ist, beobachtet der Tierpfleger immer dann, wenn er „Kommt zurück, kommt zurück, ich hab hier was entdeckt …!“ hört. Dann wurde der Stein enttarnt.

TENTAKEL-SCHLUCKSPECHT
Rhinopias frondosa

KÖRPERLÄNGE
23 cm

VERBREITUNG
Indopazifik

NAHRUNG
Wirbellose
kleine Fische

BESONDERHEITEN
Verfügt über giftige Flossenstacheln

STANDORT
Schatzkammer

BISS ZUM NOTARZT – BEI BISBEE IST VORSICHT GEBOTE

TEXAS-KLAPPERSCHLANGE

Auch wer den Tag größtenteils aufgerollt verbringt, kann einmal aus der Rolle fallen. Bisbee ist so ein Fall. Während ihre Artgenossen ein abwechslungsreiches Muster in hellen und dunklen Tönen zeigen, ist das Texas-Klapperschlangenweibchen rötlich gefärbt. Das sei jedoch kein Hinweis auf eine (noch) stärkere Giftigkeit, sagt Dr. Guido Westhoff: „Diese Art hat einfach ein großes Verbreitungsgebiet, und in dem gibt es regionale Farbunterschiede." Bisbee-Variante werden Tiere mit dem hellen Rotton genannt – daher hat das Hamburger Schlangenweibchen seinen Namen.

Sechs der auffallend gemusterten Tiere leben im Schlangendorf des Tropen-Aquariums. „Drei Weibchen und drei Männchen, davon aber nur eine Bisbee-Variante", sagt Westhoff. Er schätzt die Klapperschlangenart, auch wenn sie zu den gefährlichsten Giftschlangen der Vereinigten Staaten zählt – und sehr aggressiv ist. „Es gibt im Ursprungsland viele Unfälle mit diesen Tieren, die für Menschen tödlich ausgehen können. Aber unsere Schlangen haben sich daran gewöhnt, dass wir zu ihnen ins Gehege reingehen."

Man muss es mögen, einen Raum mit sechs 1,40 Meter langen Giftschlangen zu teilen – Gewöhnung hin oder her. Für den Umgang mit den Reptilien gibt es daher bei Hagenbeck auch strikte Verhaltensweisen für die Tierpfleger. Und ein Immunserum, ein sogenanntes Antivenom, im Bernhard-Nocht-Institut für Tropenmedizin.

Als große Klapperschlange hat die Texas-Klapperschlange eine größere Giftmenge als alle anderen Arten der Gattung, mit Ausnahme der Diamant-Klapperschlange. Das Gift greift die Blutzellen an und zerstört sie, außerdem führt es zu Gewebezerstörungen im Bereich der Bissstelle, die stark anschwillt. Wird der Biss nicht behandelt, kann er sehr schwere gesundheitliche Schäden nach sich ziehen und sogar zum Tod führen.

Bei Hagenbeck gab es noch keinen Unfall mit einer der Giftschlangen. „Sie sind uns gegenüber nicht aggressiv, aber neugierig, ob wir Futter dabeihaben“, sagt Westhoff. Dann verlässt selbst Bisbee ihren Lieblingsplatz, im Fensterrahmen hinter dem Wagenrad, hinten rechts im Gehege, und kommt auf die Tierpfleger zu. Ihre fünf Artgenossen bevorzugen überwiegend die Grillpfanne des im Stil eines amerikanischen Camps gestalteten Geheges, denn unter dieser befindet sich eine technische Kollegin: die Heizschlange. Und Wärme ist genau das, was die wechselwarmen Tiere lieben.

Gefüttert werden die Klapperschlangen mit je einer Ratte, alle zehn Tage. Im Freiland, im Südwesten der USA und im Norden Mexikos, ernähren sich die vorwiegend nacht- und dämmerungsaktiven Tiere vor allem von Kleinsäugern, jedoch auch von Eidechsen oder Vögeln – allem, was sie am Boden erbeuten können. „Dabei spüren sie ihre Beute über deren Körperwärme auf“, erklärt Westhoff. „Mit ihren Grubenorganen zwischen Maul und Augen können sie Infrarotstrahlung sehen.“

Die Texas-Klapperschlangen bei Hagenbeck (oder auch Westliche Diamant-Klapperschlangen, nach den diamantenförmigen Elementen auf ihrem Rücken) tun eines selten, für das sie berühmt-berüchtigt sind: „Sie klappern fast nie“, sagt Westhoff. Dabei sei die Entstehung der schwarz-weiß gestreiften Schwanzrassel doch so spannend, weiß der Biologe: „Die letzte Schuppe am Schwanz der Tiere ist stark vergrößert und hohl. Und bei jeder Häutung kommt ein Glied hinzu – so entsteht die Rassel.“ Am lautesten sei das kastagnettenartige Geräusch bei einer Anzahl von acht Gliedern, hätten Forscher herausgefunden. Westhoff: „Bei mehr Gliedern wird es wieder leiser – allerdings bricht die Rassel dann auch schneller beim Gebrauch ab.“ Die speziellen Muskeln im Schwanz, die nötig sind, um das Warngeräusch zu produzieren, seien zudem die ausdauernsten und schnellsten Muskeln im Wirbeltierbereich.

Eigentlich schade, dass man das bei Hagenbeck so selten hören kann. Vielleicht ist ja einmal eine der kleinen Klapperschlangen, die die lebendgebärenden Tiere regelmäßig in Hamburg zur Welt bringen, klapperfreudiger. Wenn schon nicht rot – denn Bisbee wollte bisher leider noch nichts von den dunkel gefärbten Männchen wissen.

TEXAS-KLAPPERSCHLANGE
Crotalus atrox

GEWICHT
5–7 kg

GESAMTLÄNGE
1,20–1,80 m

TRAGZEIT
165–170 Tage

WURFGRÖSSE
7–20 Jungtiere

GEBURTSLÄNGE
30–36 cm

NAHRUNG
Säugetiere
Vögel, Eidechsen

VERBREITUNG
Südwesten
der USA
Nordmexiko

BESONDERHEITEN
Sie ist eine der größten Klapperschlangenarten

STANDORT
Giftschlangendorf

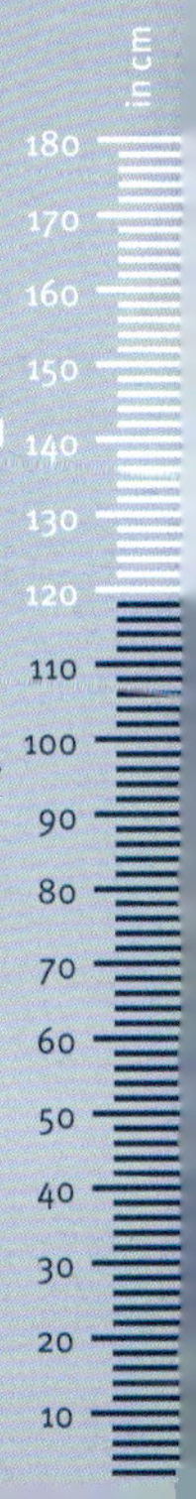

ELEGANT WIE EINE SCHWEBENDE UNTERTASSE

VIOLETTER STECHROCHEN

Wenn Viola quadratisch wird, wissen ihre Pfleger Bescheid. Dann heißt es, nichts wie raus aus dem Becken mit ihr und hinein in die Quarantäne – Mutterschutz! Wie etwa im Juni 2010: Mit zehn Jungtieren brachte Viola, das große Stechrochen-Weibchen, ihren bisher größten Wurf zur Welt.

Große Beulen an Bauch, Rücken und den Seiten kündigen die Schwangerschaft bei der Rochendame gut an. „Sie sieht dann wirklich ganz eckig aus“, sagt Guido Westhoff. Hier lebt Viola im großen Hai-Atoll mit zwei erwachsenen Rochenmännchen, einem Halbstarken und fünf Jungtieren zusammen. Nicht zu vergessen die Haie, Zackenbarsch Zorro und Hunderte kleinerer Fische.

Die Rochenbabys kommen alles andere als eckig zur Welt: Schön flach und mit perfekten Rochenrundungen sehen sie Mama und Papa zum Verwechseln ähnlich – nur im Taschenformat eben. Dabei werden Violette Stechrochen generell nicht so groß: „Mit 80 bis 90 Zentimeter Durchmesser gehören sie zu den mittelgroßen Rochenvertretern“, sagt Westhoff. „Man sollte bei Rochen nicht immer nur an den Manta denken – das ist nun einmal der Riese unter den Rochen.“

Violette Stechrochen leben in tropischen und subtropischen Gewässern. Die Knorpelfische mit den trapezförmigen, abgeflachten Körpern zeichnen sich durch einen leicht violettfarbenen Rücken und eine cremeweiße Unterseite aus. Und durch ihren namensgebenden, peitschenförmigen Schwanz. Dieser ist mit Stacheln besetzt, die kleine Widerhaken haben. Die Stacheln sind von Drüsengewebe umgeben, das ein äußerst wirksames Gift produziert. Bei Gefahr schlagen die Tiere ihren Schwanz zur Verteidigung nach vorn über den Körper. Bei Hagenbeck verhalten sich die Tiere friedlich gegenüber den Tierpflegern. „Da muss man eher aufpassen, nicht auf einen draufzutreten – sie sind so schrecklich neugierig und kommen immer gleich an“, sagt Westhoff und lacht. Besonders Viola ist immer ganz vorn mit dabei. Das liegt daran, dass das 2002 geborene Tier „schrecklich verfressen“ ist.

Wie alle Rochen ernähren sich auch Violette Stechrochen von Fischen und Krebstieren. Sie besitzen sehr gute Elektrorezeptoren, mit denen sie im Boden vergrabene Beute finden. Hat ein Rochen so etwa einen Krebs aufgespürt, saugt er mit seinem Mund, der sich auf der Unterseite des Tieres befindet und mit Knochenplatten als Zähnen ausgestattet ist, den Sand um das potenzielle Futtertier hoch. Zusätzlich schlägt er mit den Schwingen, bis er die Beute ausgebuddelt hat.

Bei Hagenbeck können sie sich diesen Trick sparen, dafür haben schon die Babyrochen einen neuen gelernt: Weil das Futter – Fischstücke und Garnelen – von oben ins Becken geworfen wird, drehen sie sich auf den Rücken, fangen das Futter mit der Bauchseite auf und klappen, wenn ein Happen auf ihnen gelandet ist, die Schwingen seitlich drüber. „Wie ein Regenschirm, wenn man Kamellen beim Karnevalsumzug auffängt“, sagt Westhoff.

Für ihre Kinder hatte Viola nach der Geburt übrigens kein Auge mehr, doch davor haben diese eine spezielle Entwicklung erfahren: Bereits im Mutterleib sind die jungen Fische aus den Eiern geschlüpft und haben sich dort von sogenannter uteriner Milch, einer nährstoffreichen Flüssigkeit, ernährt, bis sie schließlich geboren wurden. Westhoff vergleicht diese Entwicklung mit der von Kängurus, die auch winzig klein geboren werden und dann noch eine lange Entwicklungszeit im Beutel der Mutter durchmachen.

Wenn sie ihre Kreise durch das riesige Aquarium ziehen („Elegant wie eine schwebende Untertasse", schwärmt Westhoff), ziehen Viola und ihre Artgenossen immer wieder die Besucher in den Bann. Auch der russische Milliardär Roman Abramowitsch scheint für die Rochen zu schwärmen: Mit ihrer glatten, schuppenfreien Haut ließ er angeblich die Kosmetikkästchen auf seiner Luxusyacht „Eclipse" beziehen. Wenn Viola da mal nicht gern Gebrauch von ihrem Stachelschwanz machen würde …

VIOLETTER STECHROCHEN
Pteroplatytrygon violacea

KÖRPERSCHEIBEN-DURCHMESSER
80–90 cm

KOPF-SCHWANZ-LÄNGE
1,60 m

VERBREITUNG
fast alle tropischen und subtropischen Meere

NAHRUNG
Quallen
Tintenfische
Fische
Krebstiere

TRAGZEIT
etwa 4 Monate

BESONDERHEITEN
lebendgebärend (vivipar)

STANDORT
großes Hai-Atoll

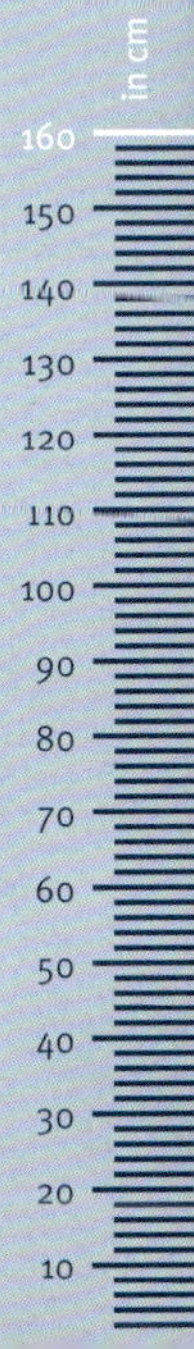

HALB MAUS, HALB VOGEL: ARUSHA FOPPT DIE BESUCHER

WEISSOHR-MAUSVOGEL

Der Fall scheint klar. Schnabel, Federkleid – und fliegen kann es auch: Das graubraune Etwas im Buschwerk von Hagenbecks Tropen-Aquarium muss ein Vogel sein. Doch dann fängt es an zu klettern, huscht über die Äste oder hängt kopfüber von ihnen herab. Und schon ist man sich nicht mehr sicher, ob es sich nicht doch um ein kleines Säugetier handelt. Auch demjenigen, der diesem Tier seinen Namen gegeben hat, muss es ähnlich gegangen sein, und so spiegelt sich das besondere Verhalten im Namen der Tierfamilie wider: Mausvögel.

Das Weibchen Arusha ist ein besonders schönes Exemplar eines Weißohr-Mausvogels. Ihren Namen hat sie von der Stadt Arusha in Tansania, woher Cheftierpfleger Walter Wolters sie 2008 geholt hat. „Es waren zwei Mausvogel-Pärchen, die ich von einer Zuchtfarm bekommen habe. Ich konnte mir die Tiere in einer Voliere aussuchen, und da ja alle sehr ähnlich aussehen, hat man wenige Auswahlkriterien“, erzählt Wolters. Da passte es, dass eines der Weibchen deutlich lebhafter als der Rest der Gruppe war. Wolters: „Es kam immer ans Gitter, wollte einen Mehlwurm haben, war richtig neugierig. Das gefiel mir – ich nahm es sofort."

In der großen Halle von Hagenbecks Tropen-Aquarium sind die Mausvögel seitdem eine echte Bereicherung. „Sie scheinen sich hier richtig wohlzufühlen, haben sich schon gut vermehrt", sagt Tierpfleger Roy Schulz. „18 Mausvögel haben wir einmal auf einem Fleck gesehen – geschätzt sind 30 Tiere in der Halle." Genau könne man das nicht sagen, so Schulz, denn die Vögel würden nur eingefangen, wenn sie krank seien oder abgegeben werden sollen.

Die geselligen Tiere – in ihrer Heimat Afrika sieht man sie oft in größeren Gruppen, und beim Ruhen drängen sie sich dicht zusammen und wärmen sich so in kalten Nächten gegenseitig – halten sich bei Hagenbeck gern in dem hohen Bambus auf. Schulz: „Hier bauen sie auch ihre napfförmigen Nester." Mit ihren langen Schwanzfedern können sie sich gut beim Turnen im Gebüsch abstützen. Das dichte, weiche Gefieder der bis zu 36 Zentimeter langen und bis zu 80 Gramm schweren Vögel und das weiche, dichte Federkleid schützen sie selbst beim Klettern im Dornengebüsch.

Gefüttert werden sie zweimal täglich. „Hauptsächlich fressen sie Obst, aber sie gehen auch an Insekten und Körner ran", sagt Schulz. Da für die verschiedenen Vogelarten in der Halle viel Futter bereitsteht, ist das Selbstbedienungsbüfett allzeit reich gedeckt. Vielleicht haben Arusha und das andere erwachsene Weibchen auch deshalb so reichlich für Nachwuchs gesorgt. Dessen Gefieder ist anfänglich farblich übrigens etwas matter – ansonsten sind Männchen und Weibchen nicht auseinanderzuhalten.

Bleibt eine letzte Namensfrage: Die bei Hagenbeck Weißohr-Mausvögel genannten Tiere werden auch als Braunflügel-Mausvögel geführt. Wolters: „Es geht beides." Kein Wunder, bei diesem Tier geht ja auch beides: halb Vogel, halb Maus.

WEISSOHR-MAUSVOGEL
Colius striatus

GEWICHT
80 g

KOPF-SCHWANZ-LÄNGE
36 cm

GELEGE
2 – 6 Eier

BRUTDAUER
10 – 11 Tage

NAHRUNG
Beeren
Früchte

VERBREITUNG
Afrika

STANDORT
frei fliegend in
der Tropenwelt

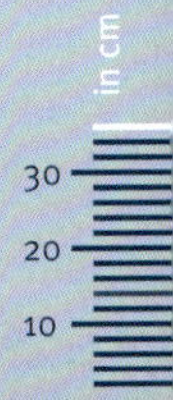

DIE HÜBSCHE MIT DEM GRUSELFAKTOR

WEISSKNIE-VOGELSPINNE

Rosalie hat die Haare schön. Die Färbung ist mehr als extravagant: Ein dunkler Grundton mit auffallend hellen Blocksträhnchen, dazwischen ein Hauch von Rosa. „Ich finde sie wirklich hübsch“, sagt Heidi Rohr. Und das, obwohl die Tierpflegerin Spinnen doch eigentlich gar nicht so sehr mag. Rosalie, die Weißknie-Vogelspinne, hat es ihr allerdings wirklich angetan. Gilt sie mit ihren weißen Beinstreifen doch auch als eine der attraktivsten bodenlebenden Vogelspinnen überhaupt.

Gut, das Urteil wird nicht jede(r) teilen. Neun Zentimeter Größe, eine feiste Behaarung und die Tatsache, dass es sich um eine Spinne handelt, schließen für viele Menschen die Wörter „hübsch“, „attraktiv“ oder „nett“ in dem Zusammenhang kategorisch aus. Hagenbecks Tierpark spielt mit diesem Vorurteil – und hat Rosalie ihr Gehege im Tropen-Aquarium bewusst in einer nachgebauten Latrine eingerichtet. Gruselfaktor hoch fünf garantiert.

Dabei ist Rosalie eine außergewöhnlich verträgliche Vertreterin ihrer Art. „Weißknie-Vogelspinnen gelten als aggressiv, aber das kann ich von ihr nicht behaupten“, sagt Heidi Rohr. Die Spinne bleibe sehr ruhig, wenn die Pfleger Futter in das Terrarium legten (mit Vitaminen und Kalzium bestäubte Heuschrecken, ein- bis zweimal die Woche) oder den Glaskasten säuberte. Dabei können die großen Spinnen auch ganz anders: Weißknie-Vogelspinnen zählen zu den sogenannten Bombardierspinnen, die bei Gefahr spezielle Brennhaare von ihrem Hinterleib abfeuern. Die Brennhaare können ein Jucken und Brennen der Haut und der Atemwege des potenziellen Feindes verursachen. Allerdings zieht die Spinne es eher vor zu flüchten, bevor sie ihre Brennhaare abstößt.

Auch die Bisse der nachtaktiven Lauerjägerin sollen nicht ohne sein. Dabei müssen Menschen weniger die injizierte Giftmenge als die Komplikationen nach einem Biss fürchten: Auf den Cheliceren, den Mundwerkzeugen der Spinne, befinden sich häufig Bakterien, und die können eine Entzündung der Wunde auslösen. „Ich möchte es nicht ausprobieren, gebissen zu werden", sagt Heidi Rohr dementsprechend. Und der Klang ihrer Stimme verrät, dass sie das sehr ernst meint.

Weißknie-Vogelspinnen bewegen sich in ihrer Heimat, den feuchtwarmen Regenwäldern Brasiliens, mit einer Beinspannweite von 20 Zentimetern über den Boden. Dabei sind die Einzelgänger – ob die größeren Weibchen oder die nur vier bis sechs Zentimeter und deutlich schlankeren Männchen – sehr „häuslich": Sie legen unter Wurzeln, Steinen sowie unter totem Holz Wohnröhren im Erdboden an, von denen sie sich nie weit entfernen. Bei Hagenbeck besteht die Inneneinrichtung von Rosalies Gehege somit auch aus einem Untergrund aus Blumenerde, einer Wasserschale sowie einem Stück Holz zum Verstecken. „Man muss versuchen, ein Zwischending bei der Einrichtung zu finden, sodass sich das Tier zwar zurückziehen kann, die Besucher es aber dennoch sehen können", erklärt Heidi Rohr das Latrinen-Innenleben.

Rosalie scheint es zu gefallen: Seit 2008 wohnt sie im Tropen-Aquarium und gedeiht bestens. Auch wenn ihre Pflegerin in den ersten Wochen nach dem Kennenlernen schon Schlimmstes befürchtete: „Als ich eines Morgens bei ihr reinschaute, lag sie auf dem Rücken. Ich dachte, sie stirbt", erzählt Heidi Rohr, die damals schockiert ihre Kollegen alarmierte. Was sie bis dahin nicht wusste: Die Spinne legt sich immer dann auf den Rücken, wenn sie sich häutet. Rohr: „Durch ihre Muskelbewegungen platzt dann die Haut auf dem Rücken auf.“ So entkommt die Spinne ihrer alten, zu kleinen Haut. Die sogenannte Exuvie, das Häutungshemd, bleibt dabei komplett erhalten liegen.

Spannende Einsichten, die Rosalie gewährt. Nur eines werden Heidi Rohr und ihre Kollegen bei der rosa schimmernden (daher auch ihr Name) Spinnenschönheit nicht erleben: das imposante Werbegebaren der Männchen. Die trommeln nämlich mit ihren Beinpaaren, um ein paarungsbereites Weibchen in Stimmung zu bringen. Und die dadurch ausgelösten Vibrationen nimmt die Angebetete mit speziellen Hörhaaren wahr. Denken Sie also besser daran, bevor sie an Rosalies Scheibe klopfen …

WEISSKNIE-VOGELSPINNE
Acanthoscurria geniculata

GEWICHT
35 g

GRÖSSE
9 cm

LEBENSERWARTUNG
15 Jahre

GELEGE
über 2000 Eier pro Kokon

NAHRUNG
Insekten

VERBREITUNG
Brasilien

STANDORT
Latrine im Giftschlangendorf

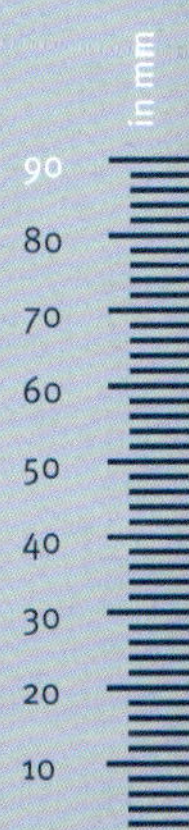

DIE SANDRA BULLOCK VON STELLINGEN IST EINE WENDIGE FLIEGERIN

WEISSSTIRNSPINT

Die Frau hat es raus. Beim Fliegen macht ihr keine Biene etwas vor. Wendig, hochgradig elegant und dabei unbestechlich fokussiert jagt sie ihren Opfern hinterher – mit ordentlich „Speed“, wie nicht nur Kinofans feststellen können. Als Bienenfresserin muss Sandra aber auch so flink sein, um den Schnabel voll genug zu bekommen. „Außerdem ist sie sehr attraktiv“, sagt Heidrun Rohr.

Sandra ist ein Weißstirnspint-Weibchen, einer der vielen bunten Vögel in Hagenbecks Tropen-Aquarium. Dass sie den Namen der berühmten Hollywoodschauspielerin mit deutschen Wurzeln trägt, hängt nicht nur mit ihren oben beschriebenen Attributen zusammen. Der wissenschaftliche Name der Weißstirnspinte lautet schließlich *Merops bullockoides*.

Seit einiger Zeit beobachten die Tierpfleger im Tropen-Aquarium die 15 Weißstirnspinte mit besonderem Interesse. „Sie gehen in die Brutkästen in der für sie angelegten Lehmwand, aber noch hat sich kein Nachwuchs eingestellt“, erzählt Heidrun Rohr. Weißstirnspinte brüten in ihrem Lebensraum in Afrika meist in kleineren und losen Kolonien. Dazu graben beide Partner der monogamen Ehe eine bis zu einen Meter lange Brutröhre in die Steilufer von Flüssen oder Abbruchkanten. „Wir haben einen Meter lange PVC-Rohre durch die Mauer verlegt, die in kleinen Kästen enden“, verrät Heidrun Rohr. Damit die Kästen eine kleine Nistmulde haben, haben Handwerker einen Luftballon aufgeblasen und um ihn herum den Beton trocknen lassen – dann platzt der Ballon mit einem lauten Bumm.

Die so entstandene Mulde hatten die Tierpfleger erst mit grobem Kies ausgelegt, berichtet Rohr. „Doch den mochten die Spinte nicht." Also Kies wieder raus – und feinen Sand rein. Schon besser, befanden Sandra und ihre Artgenossen – doch noch nicht perfekt. Also scharrten die Vögel den Sand, der ihnen zu viel war, durch die Röhre ins Freie, wo er einige Meter unter ihnen auf den Strand der Nilkrokodile rieselte. Oder auf die großen Echsen, wenn diese gerade ruhten.

Durch rückwärtige Klappen in den Kästen spähen die Tierpfleger seitdem in die Kästen, die zwar von den Spinten angenommen werden, doch Eier haben die Vögel bisher nicht gelegt. An Nahrungsmangel kann es nicht liegen: Mehlwürmer, Heimchen und Heuschrecken gibt es für die Insektenvertilger in ausreichender Menge; dazu werden die Insekten extra noch mit Vitaminpräparaten bestäubt.

Werfen Heidrun Rohr oder ihre Kollegen eines der Insekten hoch, erbeuten es die Weißstirnspinte im kurzen Jagdflug von einer Sitzwarte aus. „Doch als wir im Sommer 2010 zum ersten Mal eine Kiste mit Drohnen in die Halle gebracht haben, sind die Spinte komplett durchgedreht", sagt Rohr. Die männlichen Bienen, die als Überschuss der Natur am Ende des Sommers vom Hagenbeck-Imker so einem artgerechten Ende zugeführt wurden, weckten das Interesse von Sandra und den anderen Spinten in bisher nicht bekanntem Ausmaß. „Kaum waren die Drohnen aus der Kiste ausgeflogen, schossen die Spinte im Zickzackkurs hinter ihnen her", erinnert sich Heidrun Rohr. „Da haben sie das erste Mal richtig gezeigt, wie wendig sie fliegen können."

Und noch eine Eigenart zeigten die bunten, schillernden Vögel bei diesem speziellen Mahl: die Entgiftung des Stachelapparats der Bienen. Nach dem Totschlagen der Beute auf einem Ast mit zwei, drei schnellen Bewegungen des Kopfes drücken und reiben Weißstirnspinte den Hinterleib der Bienen oder Wespen auf eine feste Unterlage, wodurch das Gift aus dem Körper der Beute herausgedrückt wird, bevor diese verspeist wird.

Vielleicht, weil sie sich vertun, vielleicht auch, um in Übung zu bleiben, haben Sandra und ihre Artgenossen eine Eigenart im Tropen-Aquarium entwickelt, die jeder Besucher beobachten und auch hören kann: Sie entgiften Eisstiele. „Manchmal, wenn Besucher diese liegen lassen, schnappen sich die Spinte die Stiele und schlagen diese auf ihre Sitzseile“, sagt Heidrun Rohr. „Klack, klack, klack“ höre man dann.

Über das Nutzen des Abfalls ist man im Tierpark nicht sonderlich glücklich, und so wird es auch in den kommenden Sommern wieder Drohnen geben. Für weitere waghalsige Flugmanöver der Sandra Bullock aus Stellingen.

WEISSSTIRNSPINT
Merops bullockoides

KOPFSCHWANZLÄNGE
22–24 cm

LEBENSERWARTUNG
12–15 Jahre

GELEGE
2–5 Eier

BRUTDAUER
22–25 Tage

NAHRUNG
Insekten

VERBREITUNG
Afrika

BESONDERHEITEN
An der Jungenaufzucht beteiligen sich oft Jungvögel aus der vorherigen Brut

STANDORT
frei fliegend in der Tropenwelt

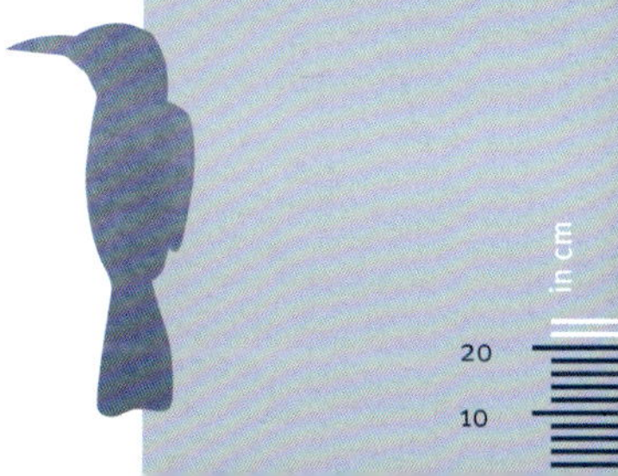

DAS DRAMA UM SALLY UND HARRY

ZEBRAHAI

Sally war lange eine einsame Dame. Vielleicht nahm sie deshalb jede Aufforderung zum Tanz gern an, die ihr Guido Westhoff und seine Kollegen boten. „Wenn wir im Hai-Atoll tauchten, schwamm sie oft direkt auf uns zu, stellte sich uns in den Weg wie ein Tanker auf Kollisionskurs und stupste uns an“, sagt der Biologe. Dieses besondere Verhalten des Zebrahai-Weibchens konnten Besucher auch immer dann gut beobachten, wenn Westhoff und sein Kollege Frank Seidel unter Wasser den Zollstock ausklappten, um bei der jährlichen Inventur Sallys Länge zu ermitteln.

Die Längen-Überprüfung im Dezember 2009 ergab stolze 2,10 Meter für die damals etwa fünf Jahre alte Hai-Dame mit der überproportional großen Schwanzflosse. Als Sally 2007 aus Australien nach Hamburg kam, waren es erst 1,60 Meter, im Jahr 2008 bereits 1,83 Meter. Ein guter Zuwachs also. Angst mussten die beiden Taucher trotzdem nicht vor dem großen Hai haben. Westhoff: „Sally ist zwar extrem neugierig, aber überhaupt nicht aggressiv.“ Außerdem würden sich Zebrahaie mit ihrem vergleichsweise kleinen Maul auch nur von Krustentieren und kleinen Fischen ernähren.

Im Tropen-Aquarium bekommt Sally diese mit einer großen Pinzette an der Wasseroberfläche des Beckens gereicht. Sie hat außerdem, wie auch die anderen Haie, die Rochen und Zackenbarsch Zorro, ihre eigene Fütterungsstelle – damit es keinen Streit unter den Fischen gibt.

Generell, sagt Westhoff, würden sich Sally und die anderen Schwarzspitzen- und Grauen Riffhaie aus dem Weg gehen: „Zebrahaie sind Einzelgänger.“ Es kann höchstens einmal passieren, dass sie mit einem Rochen kollidiert –

wenn dieser zu keiner Kursänderung im 1,8 Millionen Liter Wasser fassenden Riesenbecken bereit ist.

Zebrahaie, die im Roten Meer und im Indopazifik von Ostafrika bis nach Australien, Neukaledonien und Südjapan beheimatet sind, zählen zu den Ammenhaien. Diese haben unter anderem die Eigenschaft, auf dem Meeresgrund zu schlafen. Westhoff: „Sally döst gern vor dem großen Bullauge auf dem Grund des Hai-Atolls." Ihre langsamen Bahnen zieht sie hingegen meistens oben im Becken.

Die Bezeichnung Zebrahai ist, wenn man ein erwachsenes Tier wie Sally betrachtet, durchaus verwirrend. Statt der erwarteten schwarz-weißen Streifen zieren den grau-beigefarbenen Rücken und die Flanken des Tieres schwarze Flecken. Der Bauch ist strahlend weiß. Tatsächlich taucht das markante Streifenmuster anfänglich nur bei Jungtieren auf. Und die würde man bei Hagenbeck auch gern bald einmal zeigen können. Nur leider ist das mit dem passenden Harry für Sally so eine Sache.

Der erste Harry starb kurz nach seiner Ankunft 2007. Danach legte Sally zwar geraume Zeit Eier, aber die ovalen, flachen, bräunlich-grünen Gebilde, die an einer Seite mit einer Fransenborte aus vielen feinen Haftfäden versehen sind, waren alle unbefruchtet. Dabei können Zebrahai-Weibchen immerhin für ein Jahr lang nach einer Paarung Sperma speichern und bei Bedarf verwenden. Doch diese Zeitspanne verstrich, ohne dass ein Jungtier aus einem der Eier geschlüpft wäre.

Danach waren alle Hoffnungen auf den nächsten Harry aus den Niederlanden gerichtet. Das Männchen aus Arnheim kam – aber die Chemie zwischen den beiden Haien stimmt überhaupt nicht. Westhoff: „Es lief super: Sie ignorierten sich komplett.“ Harry Nummer drei kam schließlich im Sommer 2011 aus Berlin. „Er interessiert sich schon für Sally“, sagt Guido Westhoff. So beißt das Haimännchen ihr immer einmal wieder in den Schwanz, dreht sie sogar auf den Rücken, wenn sie sich ergeben sinken lässt. „Doch dann passiert weiter leider nichts – so, als wüsste er nicht, wie es danach weitergeht“, sagt Westhoff, leicht resigniert.

Die Hoffnung habe er aber noch nicht aufgegeben. Die Anfänge seien doch immerhin vielversprechend. Alle hoffen auf ein Happy End für Harry und Sally.

ZEBRAHAI
Stegostoma fasciatum

KÖRPERLÄNGE
bis 3 m

VERBREITUNG
Indopazifik
Rotes Meer

BESONDERHEITEN
eierlegende Haiart (ovipar)

SCHLUPFGRÖSSE
25–35 cm

GEFÄHRDUNG
gefährdet

NAHRUNG
Schnecken
Muscheln
Garnelen
kleine Fische

STANDORT
großes Hai-Atoll

YIN WILL HOCH HINAUS, WENN ES UMS SCHLAFEN GEHT

ZEBRASCHNAUZEN-SEEPFERDCHEN

Elternzeit? Für Seepferdchen kein Thema. Da werden die Jungen einfach nicht betüdelt. Ab ins Meer und ahoi! Gute Reise! Was jedoch vor ihrer Geburt stattfindet, ist in den Weiten des elterlichen Fortpflanzungs- und Beziehungskosmos einzigartig: Hier wird Papa schwanger.

So wie Barbara.

Barbara ist ein Zebraschnauzen-Seepferdchen – ein männliches. Aber weil da eben auch diese Sache mit der männlichen Schwangerschaft ist, heißt er in Hagenbecks Tropen-Aquarium eben Barbara. Mit vier weiteren erwachsenen beziehungsweise halbwüchsigen Artgenossen teilt sich das zu den Seenadeln zählende Tier ein Aquarium in der sogenannten Schatzkammer der Tropenwelt. Außerdem sind regelmäßig in Hamburg geborene Nachwuchstiere in einem eigenen, kleinen Becken hinter der Scheibe der Futterküche zu sehen.

Zebraschnauzen-Seepferdchen *(Hippocampus barbouri)* sind, wie alle Seepferdchen, Stichlingsverwandte – und damit Fische. Das würde man vielleicht besser erkennen, wenn man sie, an Schnauzen- und Schwanzspitze gepackt, lang ziehen würde. „So hätte Barbara etwa eine Länge von 16 Zentimetern", sagt Sven Vogler.

Der Tierpfleger ist für die besonderen Tiere seit Herbst 2009 zuständig, seitdem sind die Zebraschnauzen-Seepferdchen bei Hagenbeck zu sehen.

Der ockerfarbene Körper der Zebraschnauzen-Seepferdchen, den feine, dunkle Punkte zieren, ist schlank und weist eine ausgedehnte Bedornung aus Weichstrahlen auf. Diese Weichstrahlen setzen sich auch im Kopf- und Schnauzenbereich fort und verleihen den Tieren einen „stacheligen“ Eindruck. Während dieses lediglich eine Täuschung ist, schützen die Knochenplatten, die den gesamten Körper verstärken, die Seepferdchen jedoch vor vielen Fressfeinden.

Warum sich Pferd und Zebra im Namen der Tiere vereinen, ist deutlich zu sehen: Der Kopf aller Seepferdchen erinnert an den eines Zossen, und bei der speziellen Art ist die lange Schnauze weiß und dunkelbraun geringelt. Ganz so, wie manche Zebraarten aussehen.

Barbara wiegt sich sanft im Becken, mit der Schwanzspitze wie mit einem Greifarm an eine (ebenfalls geringelte) Scheibenanemone geklammert. „Auf der Bauchseite kann man gut die Bruttasche sehen“, sagt Vogler. In diesem Beutel brüten die Männchen die Jungtiere aus, nachdem ein Weibchen seine Eier hineingelegt hat. Bei Zebraschnauzen-Seepferdchen fängt dieses Spektakel beim Eintritt in die Geschlechtsreife mit rund sieben Monaten an. „Männchen präsentieren sich dann vor den Weibchen“, sagt Vogler. Eine der wenigen bewegungsreichen Phasen im Leben eines Seepferdchens, denn sonst sind die Tiere eher lethargisch. Waren die Paarungstänze erfolgreich und ein Weibchen konnte seine 50 bis 100 rund 1,5 Millimeter großen Eier loswerden, werden diese in der Bruttasche vom Männchen befruchtet.

Die gute Kinderstube ist übrigens absolut wasserdicht – die kleinen Seepferdchen-Larven kommen erst nach 15 Tagen mit Wasser in Kontakt, wenn ihre Entwicklung in der Tasche abgeschlossen ist. „Dann schmeißt Papa sie nämlich hinaus“, sagt Vogler. Doch wie leert man einen Beutel, wenn man keine Hände hat? Vogler: „Das sieht nach anstrengender Gymnastik aus.“ Mit wehenartigen Bewegungen pressen Barbara und die anderen Mütter-Väter die rund 1,3 Zentimeter großen Kleinen aus der Bruttasche.

Bei Hagenbeck leben die Zebraschnauzen-Seepferdchen, die aus küstennahen Regionen des zentralen Westpazifiks stammen, mit einem Knallkrebs (oder auch Pistolengarnele) zusammen. „Der wohnt hinter den Steinen und räumt nachts die Nahrungsreste auf“, sagt Vogler – weshalb er ihn auch liebevoll „unseren Hausmeister“ nennt.

Zebraschnauzen-Seepferdchen ernähren sich von Zooplankton, Krebstierchen und anderen wirbellosen Tieren. Bei Hagenbeck bekommen sie Schwebegarnelen. „Die Seepferdchen warten in aller Ruhe darauf, dass das Futter vorbeigeschwommen kommt“, sagt Vogler. Dann allerdings geht alles blitzschnell: Als sogenannte Saugschnapper schlürfen Seepferdchen ihre Beute mit einem im Maul erzeugten Unterdruck ein. Soll heißen: Barbara macht beim Fressen ein Geräusch, als würde mit einem Finger geschnippt. Und das ganz ohne Hände.

ZEBRASCHNAUZEN-SEEPFERDCHEN
Hippocampus barbouri

GRÖSSE
15 cm

VERBREITUNG
Philippinen
Malaysia

NAHRUNG
Kleinstkrebse

BESONDERHEITEN
Das Männchen trägt die Jungen aus

STANDORT
Schatzkammer

GALE NIMMT ES MIT GIFTSCHLANGEN AUF, ABER BEI OBST KAPITULIERT SIE

ZWERGMANGUSTE

Hagenbecks kleine Hektiker leben unter einem Termitenbau. Damit ihnen auch ja nichts entgeht, fliegen die Köpfe der 13 Tiere pausenlos von links nach rechts, von oben nach unten – das Bewegungsmuster des Publikums bei einem Wimbledon-Tennisfinale ist nichts dagegen. Doch für die Zwergmangusten ist Aufmerksamkeit nun einmal alles: Ob Schlange oder Greifvogel, zu viele Gefahren lauern in ihrer afrikanischen Heimat auf sie.

Im Tropen-Aquarium bewohnen die kleinen Raubtiere eine Anlage ohne Mitbewohner – somit könnten sie eigentlich ganz entspannt sein. „Aber sie reagieren einfach auf alles", sagt Tierpflegerin Marion Minde. Etwa auf Besucher oder vorbeifliegende Vögel, „am schnellsten allerdings auf unser Schlüsselgeklimper", sagt Minde und lacht. Denn dieser Laut bedeutet in den meisten Fällen: Futter.

Eine, die immer ganz vorn mit dabei ist, ist Gale. Das ranghöchste Weibchen ist die Einzige, die mit Helo, dem Alphamännchen, für Nachwuchs sorgen darf. 2005 wurde Gale geboren, 2007 kam sie nach Hamburg. Dass das mit dem Nachwuchs anfänglich nicht so recht klappen wollte, lag nicht an ihr. Sondern am Wetter: „Erst seit wir jeden Morgen das Gehege komplett mit Wasser besprühen, haben unsere Zwergmangusten regelmäßig Babys. Sie scheinen diesen Regen zu brauchen", sagt Marion Minde.

Südliche Zwergmangusten finden sich hauptsächlich in Angola, Botswana, Malawi, Mosambik, Namibia, Südafrika und Uganda. Karge Baum- und Strauchsavannen, lichte Wälder sowie Halbwüsten zählen zu ihren Lebensräumen. Die Tiere der Gattung Helogale, von dem das dominante Pärchen seine Namen hat, werden maximal 26 Zentimeter lang (plus 15 Zentimeter Schwanz) und bis zu 400 Gramm schwer. Damit sind sie die kleinsten Vertreter der Mangusten. Knopfaugen und runde Ohren verleihen ihnen einen Ausdruck, für den das Wort niedlich erfunden werden müsste, gäbe es es noch nicht – doch Vorsicht: „Das sind definitiv keine Kuscheltiere", sagt Minde. Die Zähne der Säuger, die es selbstbewusst mit Puffottern und anderen Giftschlangen aufnehmen, sind nicht zu unterschätzen.

Dabei können die Tiere damit auch ganz vorsichtig zubeißen, wie Gale regelmäßig demonstriert: Immer direkt nach der Geburt eines Wurfs in einer der unterirdischen Höhlen schleppt sie die nackten, blinden Jungen am Genick in einen anderen Bau. Erst nach rund fünf Wochen sehen die Pfleger die Kleinen dann wieder – wenn sie voll behaart und mit geöffneten Augen das erste Mal die Unterwelt verlassen. Diese besteht übrigens aus vier eingebuddelten Kisten, in die auch die Tierpfleger keinen Einblick haben. Minde: „Nur im Notfall, wenn wir beim Durchzählen ein Tier vermissen würden, würden wir die Kisten ausgraben und nachsehen." Dazu ist es aber noch nicht gekommen.

Gut, dass die Tiere so reinlich sind: Gekotet wird in eine Ecke des Geheges. Auch Essensreste in den Höhlen sind tabu. Wird einmal eine Maus oder Heuschrecke zum Verzehr mit hinuntergenommen, werden die Überreste oder der Balg fein säuberlich wieder an die Oberfläche befördert. Besonders, sagt Minde, stürzen sich die Mangusten beim Füttern auf Riesenmehlwürmer, wogegen sie den einen Obsttag in der Woche hassen. „Dann gibt es lange Zähne", sagt die Tierpflegerin. Aber Abwechslung muss sein.

Neulich war der Andrang auf das Futter so groß, dass Marion Minde schon beim Öffnen der Gehegetür ein junges Weibchen entgegenpurzelte und weglief. Die Tierpflegerin stürzte los, um zum Einfangen einen Kescher zu holen, doch als sie zurückkam, saß das Weibchen brav außen vor der Tür – die Minde natürlich geschlossen hatte. „Tiere fühlen sich außerhalb des Geheges, das ja ihr Revier ist, einfach nicht sicher", sagt sie.

Und Sicherheit wird bei den Mangusten nun einmal extrem großgeschrieben. So leben die Tiere zum Beispiel auch in einer Symbiose mit verschiedenen Vogelarten, die die Säuger vor Angreifern warnen und dafür von der aufgescheuchten Beute der Mangusten partizipieren dürfen; sie stellen Posten als Ausguck ab, und sie schützen sogar Gale mit einer Art Wagenburg, wenn sie außerhalb des Baus säugt: „Dann sitzen alle Tiere im Kreis, eng an eng – und in der Mitte liegen Gale und die Jungen gut verborgen", sagt Marion Minde. Für einen kurzen Moment ohne Hektik.

ZWERGMANGUSTE
Helogale parvula

GEWICHT
200–400 g

KÖRPERLÄNGE
18–26 cm

SCHWANZLÄNGE
12–20 cm

LEBENSERWARTUNG
15 Jahre

TRAGZEIT
7 Wochen

WURFGRÖSSE
2–6

NAHRUNG:
Insekten
kleine Wirbeltiere

VERBREITUNG
Ost- und Südafrika

STANDORT
Mangustenhütte

Impressum

HERAUSGEBER: Lars Haider, Hamburger Abendblatt

KONZEPTION UND REDAKTIONELLE LEITUNG: Claudia Sewig
PROJEKTMANAGEMENT: Olaf Schulz
KORREKTORAT: Andrea Wolf, Gabriele Schönig
VERLAGSGESCHÄFTSFÜHRUNG: Jan Bayer, Frank Mahlberg
GESTALTUNG: formlabor, Hamburg
TITELBILD: Uwe Wilkens; Lutz Schnier
BILDER: Götz Berlik: S.16/17, S.20, S.24, S.28, S.40, S.64, S.72, S.76, S.88, S.92, S.96/97, S.112/113, S.140, S.176, S.184, S.196, S.204; Klaus Bodig: S.116/117; Uwe Dillenberg: S.12/13, S.128, S.136, S.188; Bertold Fabricius: S.84, S.132, S.152, S.160; Dorothee Georg/Hagenbeck: S.172, S.200; imago/oceans-image: S.32/33; Andreas Laible: S.8, S.52, S.56, S.68, S.80, S.100, S.104, S.108; Ingo Roehrbein: S.5; Lutz Schnier/Hagenbeck: S.48, S.60/61, S.124, S.145, S.148, S.156, S.164, S.180, S.192; Dr. Guido Westhoff: S. 120; Uwe Wilkens: S.36, S.44, S.168

GESAMTHERSTELLUNG: Medienschiff Bruno, Hamburg, www.msbruno.de
Printed in Germany

www.abendblatt.de

ISBN 978-3-86370-104-8